TRAITÉ PRATIQUE

SUR

LES ABEILLES,

A L'USAGE

Des Cultivateurs et des Ecoles primaires.

PAR V. RENDU,

ANCIEN ÉLÈVE DE L'INSTITUT AGRICOLE DU MESNIL-SAINT-FIRMIN, AVOCAT A LA COUR
ROYALE DE PARIS, CORRESPONDANT DE LA SOCIÉTÉ D'AGRICULTURE DE BOULOGNE-SUR-
MER, DE L'ACADÉMIE DES SCIENCES DE TOULOUSE.

Ouvrage adopté par le Conseil royal de l'Instruction publique.

La nature n'est-elle pas un beau livre de
prières? Qu'il est à plaindre celui qui
ne voit pas Dieu dans les beautés que,
d'une main prodigue, il a semées sur ce
vaste univers!

Le P. Marie J. de Géramb, lett. 6,
Pélerinage à Jérusalem et au Mont Sinû.

*M. V. Rendu est gendre du célèbre Yvart, de l'académie
des Sciences, professeur d'agriculture à l'École Vétérinaire
d'Alfort, et beau-frère de M. Yvart (Aug.), Inspecteur général
des Ecoles vétérinaires.*

Paris,

J. ANGÉ, ÉDITEUR,

RUE GUÉNÉGAUD, 19;

LIBRAIRIE D'ÉDUCATION DE L. HACHETTE,

RUE PIERRE-SARRAZIN, 12.

VERSAILLES,

LIBRAIRIE DE L'ÉVÊCHÉ, RUE SATORY, 28.

1838

R

4 7

TRAITÉ PRATIQUE

SUR

LES ABEILLES.

PARIS, IMPRIMERIE DE DECOURCHANT,

RUE D'ERFURTH, N° 1.

Traité Pratique

SUR

LES ABEILLES,

A L'USAGE

DES CULTIVATEURS ET DES ÉCOLES PRIMAIRES.

PAR V. RENDU,

ANCIEN ÉLÈVE DE L'INSTITUT AGRICOLE DU MESNIL-SAINT-FIRMIN, AVOCAT A LA
COUR ROYALE DE PARIS, CORRESPONDANT DE LA SOCIÉTÉ D'AGRICULTURE
DE BOULOGNE-SUR-MER, DE L'ACADÉMIE DES SCIENCES DE TOULOUSE.

Ouvrage adopté par le Conseil royal de l'Instruction publique.

> La nature n'est-elle pas un beau livre
> de prières ? Qu'il est à plaindre, celui
> qui ne voit pas Dieu dans les beautés
> que, d'une main prodigue, il a semées
> sur ce vaste univers !
>
> Le P. MARIE J. DE GÉRAMB, lett. 6,
> Pèlerinage à Jérusalem et au mont Sinaï.

Paris

J. ANGÉ, ÉDITEUR,

RUE GUÉNÉGAUD, 19;

LIBRAIRIE D'ÉDUCATION DE L. HACHETTE,

RUE PIERRE-SARRAZIN, 12.

VERSAILLES,

LIBRAIRIE DE L'ÉVÊCHÉ, RUE SATORY, 28.

—

1838

A M. F. Cuvier,

Membre de l'Académie des Sciences, Inspecteur général
de l'Université,

HOMMAGE DE MON RESPECT

ET

DE MA RECONNAISSANCE.

V. Rendu.

Rapport

FAIT

PAR M. F. CUVIER,

Membre de l'Académie des Sciences,

AU MINISTRE DE L'INSTRUCTION PUBLIQUE.

—◄•◦◦◦○◦◦•►—

Ce traité a pour objet de faire connaître la nature et les mœurs des abeilles
domestiques, l'art de les élever et de les
conduire en domesticité, et, enfin, les
phénomènes si curieux observés par Huber , et sur lesquels repose, en grande
partie, tout ce que la science possède sur
l'économie de ces insectes.

Dans la première partie, M. Vor Rendu ,
après avoir donné une bonne description
de l'abeille domestique et des trois individus dont se compose l'espèce, le mâle,

la femelle et le neutre, décrit les travaux
auxquels ces animaux se livrent dans la
construction de leurs gâteaux de cire,
c'est-à-dire de leurs nids qui, comme
on sait, ont la forme d'un hexagone plus
ou moins régulier et sont de dimensions
différentes, suivant les individus qui doivent s'y développer. Après, il traite de la
fécondité de la seule femelle permise par
la nature pour chaque ruche, de l'ordre
d'après lequel se fait la ponte, de l'instinct qui porte cette femelle à choisir,
pour les trois espèces d'œufs qu'elle pond,
les trois espèces de nids ou d'alvéoles
hors desquels ces œufs ne produiraient
pas ce qu'ils doivent produire, et enfin,
de la sollicitude des neutres ou ouvrières
pour recueillir et préparer la nourriture
des abeilles à leur état de larve. Vient ensuite l'alimentation de ces larves par les

soins des mêmes ouvrières, qui savent varier et proportionner la substance alimentaire, suivant l'gâe des larves et le sexe des abeilles qui doivent en naître. Cette première partie est terminée par l'exposé des conditions dans lesquelles les essaims se séparent de la ruche mère et des travaux d'approvisionnement, c'est-à-dire la récolte du miel que nécessite l'hibernage.

Dans la seconde partie, M. Rendu traite de la forme et de la construction des ruches, de l'achat des abeilles, de leur multiplication par essaims naturels ou artificiels, des soins que ces insectes exigent, et, enfin, de la récolte du miel et de la cire et de leur manipulation. Dans ces différents paragraphes, l'auteur fait reposer ses conseils sur ses propres observations et sur celles des expérimentateurs dont

l'autorité, en ce genre, est la mieux établie, et il les expose de telle sorte, qu'en
s'y conformant avec intelligence, on est
sûr de s'épargner de pénibles tâtonne-
ments et de fâcheuses erreurs.

La troisième partie de ce traité contient,
comme nous l'avons dit, une analyse des
belles observations de Huber , de Genève,
sur les mœurs des abeilles. Cette analyse
est faite avec soin et clairement présen-
tée. L'art d'observer les mouvements si
confus et si désordonnés, en apparence,
des insectes, pour découvrir l'intelligence
qui les dirige, et distinguer ce qu'ils ont
d'essentiel, quant au but toujours unique
et simple vers lequel ils tendent, est un
art difficile et qu'on a bien rarement porté
au degré où Huber le posséda. Sous ce
point de vue, cette troisième partie pourrait paraître inutile à des cultivateurs, et

déplacée dans l'enseignement primaire, encore que les travaux, tout intellectuels, tout scientifiques qui en font l'objet, aient donné une base certaine à la pratique de la culture des abeilles, qui, jusque-là, ne reposait que sur un empirisme aveugle; mais les découvertes de Huber se montrent sous un aspect plus important; elles offrent à l'esprit un des plus beaux spectacles que la nature expose à notre admiration, et donnent une des preuves les plus convaincantes de la sagesse infinie qui gouverne le monde, dans ces actions sans intelligence de la part des êtres imparfaits qui les exécutent, et où tant de circonstances variées concourent, sans que ces actions soient un seul instant détournées de leur but. Or, de tels spectacles et de telles preuves ne seront jamais présentés hors de propos aux élèves des

écoles primaires, normales ou autres,
pour lesquels M. Victor Rendu a principalement conçu son traité sur les abeilles.

Cet ouvrage nous paraît remplir complétement son objet. En le lisant avec
attention, on connaîtra l'organisation et
la nature des abeilles, ce que l'expérience
a appris de plus utile pour leur conserva-
tion, leur reproduction et la manipulation de leurs produits, et, enfin, ce que
l'observation scientifique a enseigné sur
les lois qui président à leur développement et à leur industrie. Ces connaissan-
ces d'histoire naturelle sont précisément
de celles qui conviennent à nos écoles primaires, et nous faisons des vœux pour que
plusieurs traités soient publiés, dans les
mêmes vues que celui-ci, sur les divers
sujets d'histoire naturelle qui le compor-
teraient.

LETTRE

DE

M. LE MINISTRE DE L'INSTRUCTION PUBLIQUE

A M. V. RENDU.

Monsieur,

J'ai examiné en séance du Conseil royal de l'instruction publique, le 24 octobre dernier, le *Traité pratique sur les Abeilles,* pour lequel vous avez sollicité la recommandation universitaire.

Il a été décidé que cet ouvrage était autorisé dans les écoles primaires. Cette décision sera notifiée incessamment à MM. les recteurs des diverses Académies.

Recevez, etc.,

SALVANDY.

Paris, le 16 novembre 1337

Table.

TABLE.

FIN DE LA TABLE.

Préface.

Ce Traité est divisé en trois parties.

Dans la première, l'auteur, s'éclairant des travaux de Swammerdam, de Réaumur, de Schirach et d'Huber , a cherché à faire connaître les mœurs des abeilles.

La seconde partie traite de l'art d'élever les abeilles à l'état de domesticité.

1

La troisième partie explique, par les expériences d'Huber , certains points de l'histoire naturelle des abeilles : elle en représente, en quelque sorte, les pièces justificatives.

Paris, 25 avril 1837.

Première Partie.

⊶•••• ○ ••••⊷

HISTOIRE NATURELLE DES ABEILLES.

TRAITÉ PRATIQUE

SUR

LES ABEILLES.

PREMIÈRE PARTIE.

Histoire Naturelle des Abeilles.

—

Dans la classification des animaux établie par les naturalistes, on désigne sous le nom d'*abeilles* (apis) un genre d'insectes de l'ordre des hyménoptères, famille des apiaires, caractérisé ainsi qu'il suit : languette filiforme, formant, avec les mâchoires, une sorte de trompe coudée et fléchie en dessous; premier article des tarses postérieurs * comprimé

* La patte de l'abeille est composée de quatre parties : la hanche, la cuisse, la jambe et le tarse ; cette dernière partie comprend cinq articulations, qu'on désigne généralement sous le nom d'articles.

en palette carrée ; les deux dernières jambes dépourvues d'épines à leur extrémité. Ce genre renfermait autrefois tous les insectes du même ordre qui vivent solitaires ou en société, et qui recueillent le pollen, c'est-à-dire la poussière fécondante des fleurs ; mais, mieux étudié aujourd'hui, il se trouve réparti en différents groupes de mœurs et d'organisation semblables, et l'on ne comprend plus dans le genre abeille que l'insecte précieux qui fournit le miel et la cire, l'*abeille domestique* (apis mellifica, Linn.), connue des cultivateurs sous le nom de *mouche à miel*, et quelques espèces étrangères qui lui sont tout à fait analogues. On appelle *ruches* les logements que ces insectes habitent à l'état de domesticité.

§ 1er. — Description des Abeilles.

—

Les abeilles ont quatre ailes nues, membraneuses et veinées ; leur corps est formé de trois parties : la tête, le corselet et l'abdomen.

La tête, presque triangulaire, porte deux antennes, composées, suivant les individus, de douze ou treize articles ; on les regarde comme le siège principal du toucher. Lorsque deux abeilles se rencontrent, elles se touchent aussitôt avec leurs antennes, en manière de reconnaissance ; lorsqu'on leur coupe ces organes, elles ne peuvent plus se diriger. Aux côtés de la tête sont placés deux yeux ovalaires et à facettes ; trois petits yeux lisses, disposés en triangle, occupent le vertex. La bouche, armée de deux fortes mandibules, est pourvue d'une languette filiforme composant, avec les mâchoires, une sorte de trompe coudée et fléchie en dessous.

Le corselet, uni à la tête par un cou flexible et très-court, soutient les ailes et donne insertion à trois paires de pattes : la dernière paire est plus longue que les deux autres.

L'abdomen, séparé du corselet par un mince étranglement, est formé d'anneaux écailleux se recouvrant comme les tuiles d'un toit ; il renferme deux estomacs placés à la suite l'un de l'autre, et séparés entre eux par un tube très-court au moyen duquel ils se communiquent. Le premier estomac, situé près du corselet, ne contient jamais que du miel, le second ne reçoit jamais que de la cire. Tous deux renvoient à la bouche les matières qu'ils tiennent en dépôt.

Mais, à part ces caractères généraux communs à toutes les abeilles, il en est qui sont propres aux individus des divers sexes.

Toute ruche en bon état renferme, dans le cours du printemps, trois sortes d'abeilles : une femelle unique appelée *reine* ou *mère-abeille*, un nombre limité de mâles ou *faux-*

bourdons, une quantité considérable de neutres ou *ouvrières* ; chacun de ces sexes présente une organisation spéciale.

Chez l'abeille ouvrière, les antennes n'ont que douze articles. Les jambes postérieures offrent, à l'extrémité de leur face externe, un enfoncement triangulaire nommé *palette*, où l'insecte accumule le pollen qu'il a recueilli.

Le premier article des tarses postérieurs est très dilaté, et sa face interne est couverte de poils fins et serrés ; l'ouvrière s'en sert comme d'une brosse, pour enlever le pollen attaché à ses poils : de là, le nom de *brosse* donné à ce article. La brosse est divisée transversalement par sept à huit stries parallèles.

Enfin, moins grosse que la reine et que les mâles, l'ouvrière a, de plus que ces derniers, un dard ou aiguillon placé à l'extrémité de l'abdomen. Cet aiguillon se partage en deux branches garnies, de chaque côté, de petites dents dont la pointe est tournée en arrière

comme dans un fer de flèche ; elles sont renfermées dans une gaîne composée de deux
pièces écailleuses assemblées au moyen d'une
languette. En même temps que l'aiguillon est
dardé, les deux pièces qui lui servent de gaîne
s'écartent et se placent à droite et à gauche
hors de sa direction. L'abeille veut-elle percer
son ennemi? les dentelures de l'aiguillon entrent dans les chairs et aident aux efforts que
fait l'abeille pour les enfoncer plus avant; mais
aussi, lorsqu'il lui faut retirer son aiguillon,
ces mêmes dentelures le retiennent, elle ne
peut l'extraire qu'avec de grandes précautions,
et souvent elle n'y parvient qu'en laissant dans
la plaie une partie de ses intestins : cette perte
lui est toujours fatale. L'aiguillon sert de con-
duit à une liqueur âcre que renferme une vé-
sicule placée à la racine du dard ; cette liqueur
est une des principales causes de la douleur
et de l'inflammation spéciale qui accompa-
gnent la piqûre faite par une abeille *.

* On calme la douleur produite par la piqûre d'a-

Les mâles, beaucoup plus gros et plus velus que les ouvrières, ont la trompe plus courte que ces dernières ; leurs antennes se composent de treize articles ; leur abdomen n'est point armé d'aiguillon ; ils n'ont ni brosse ni palette.

La reine, non plus que les mâles, n'a ni brosse ni palette ; ses antennes n'ont que douze articles ; elle est armée d'un dard ; ses ailes ne couvrent qu'une partie de l'abdomen.

La reine propage l'espèce ; elle ne travaille pas. A l'époque de la grande ponte, on la reconnaît facilement à son abdomen gonflé par les œufs qui le remplissent ; mais lorsque la ponte est finie, sa grosseur diffère peu de celle des ouvrières.

Les mâles, au nombre de quinze cents à deux mille dans chaque ruche, ne travaillent pas ; ils sont destinés à féconder la reine ; le

beille en versant une goutte d'alcali volatil sur la partie blessée. Il est essentiel de retirer, au préalable, l'aiguillon.

bourdonnement qu'ils produisent en volant leur a fait donner le nom de faux-bourdons.

Les ouvrières forment la plus grande partie de la population de la ruche ; elles sont seules chargées des travaux et des approvisionnements ; elles veillent nuit et jour à la sûreté de la société.

Les abeilles ouvrières sont des femelles auxquelles il n'a manqué, pour être semblables à la reine, que d'être, pendant le premier âge, nourries avec des aliments plus abondants et plus choisis, et d'être logées moins à l'étroit.

§ 2. — Travaux des Abeilles.

Le premier soin des abeilles qui s'établissent dans une ruche, est de la nettoyer et de boucher toutes les fentes qui peuvent s'y trouver. Une partie des ouvrières enlève les insectes morts ainsi que les débris inutiles qu'elle contient ; les autres se répandent dans la campagne, et vont en quête d'une matière résineuse, de couleur rougeâtre, nommée *propolis*.

L'origine de la propolis n'est pas parfaitement connue, bien qu'on prétende qu'elle provient des bourgeons des arbres ; les abeilles s'en servent le plus communément pour boucher les crevasses de leur habitation ; cependant il est des circonstances où elles en font un usage particulier. On rapporte qu'une limace, étant entrée dans une ruche, fut tuée par les abeilles, et que celles-ci, après avoir tenté en vain de se débarrasser de son cadavre, en prévinrent la décomposition en le couvrant complétement de propolis ; un mulot, qui s'était introduit dans une ruche, eut le même sort ; les abeilles l'enveloppèrent entièrement de propolis.

Lorsqu'une abeille rentre à la ruche, les pattes chargées de propolis, plusieurs ouvrières viennent successivement lui en enlever des parcelles; elles ramollissent cette résine entre leurs mâchoires, puis l'étendent sur les parois de la ruche. Tout l'intérieur en est tapissé.

Dès que cette opération est terminée, quelquefois même pendant qu'elle a lieu, les ouvrières s'occupent de la construction de leur édifice : c'est avec de la cire qu'elles le bâtissent.

On a cru fort longtemps que le pollen formait la matière même de la cire, et qu'après avoir subi une sorte d'élaboration dans l'estomac de l'abeille, il sortait de la bouche de l'insecte doué de cette souplesse, de cette propriété onctueuse et surtout de cette ductilité qui distinguent la cire ; mais les expériences d'Huber (*Voy. n° 1, troisième partie de ce Traité*) nous ont appris que les abeilles nourries exclusivement de pollen ne fournissaient jamais de cire, que celles auxquelles on donnait une liqueur sucrée étaient les seules qui en produisissent, et qu'elles la sé-

crétaient, partie sous forme lamelleuse, par
les derniers anneaux de la face inférieure de
leur abdomen, partie sous forme écumeuse,
par leur bouche.

Le miel, c'est-à-dire le nectar des végétaux, est la matière première de la cire ; les
abeilles ne le fabriquent point, elles le recueillent principalement sur les fleurs ; pour
cela faire, l'ouvrière développe sa trompe,
l'extrémité de cet organe pompe la liqueur à
l'aide d'une pression ondulatoire exercée par
les enveloppes qui le protègent ; le miel, alors,
descend sur une pièce mobile analogue à une
lèvre inférieure, et celle-ci le transmet au
gosier, d'où il passe dans l'estomac après
avoir traversé un canal que, par analogie, on
a nommé œsophage.

Lorsque l'ouvrière a fini sa récolte de miel,
elle retourne à la ruche ; là, elle prend place
à la suite des autres abeilles et reste immobile
jusqu'à ce que le miel qu'elle a recueilli soit
changé en cire dans son estomac ; quand

cette matière est suffisamment élaborée, la construction de l'édifice commence : une partie des ouvrières se suspend à la voûte de la ruche au moyen des crochets qui terminent leurs pattes ; d'autres ouvrières s'accrochent à elles, et pendent ainsi en forme de grappe ; bientôt elles se subdivisent en plusieurs groupes pour le travail qui a lieu en commun.

C'est toujours au sommet de la ruche que les abeilles jettent les fondements de leur édifice. Après être restée quelque temps immobile dans le groupe dont elle fait partie, une ouvrière se détache de la chaîne, et va poser de petites plaques de cire à l'emplacement qui a été choisi; si le sommet de la ruche présente une saillie, c'est là qu'elle applique ses matériaux ; mais si la ruche contient déjà quelques restes d'anciennes constructions, l'ouvrière les reprend et les continue. Lorsqu'elle a épuisé toute sa provision de cire, elle va de nouveau dans la campagne renou-

veler ses matériaux ; une autre ouvrière du
groupe se rend au sommet de la ruche, et
ainsi de toutes. Chaque fois qu'une abeille
revient du dehors chargée de sa récolte, elle
se suspend à l'un des groupes et y reste immobile jusqu'à ce que le miel qu'elle a bu-
tiné se soit converti en cire dans son second
estomac.

En même temps que des ouvrières continuent de fixer des plaques de cire au sommet
de la ruche, d'autres abeilles élèvent, sur les
fondations qui viennent d'être posées, de petites cellules ou *alvéoles*. Elles en construisent
plusieurs à la fois, de manière à embrasser
toute la largeur de la voûte si la ruche est en
cloche. D'abord, les alvéoles ne sont qu'ébau-
chés ; ils offrent une image informe et gros-
sière ; mais peu à peu les abeilles les travaillent ; elles en retranchent les parties inutiles,
les polissent et les transforment enfin en une
cellule hexagone dont elles fortifient les bords
par un cordon de propolis. La réunion de

deux suites d'alvéoles adossés l'un à l'autre, constitue ce qu'on nomme un *gâteau* ou *rayon*. Celui-ci présente deux faces que revêt un nombre à peu près égal d'alvéoles à six côtés parfaitement réguliers; le point central de chaque alvéole est toujours le point de réunion d'un des côtés des trois alvéoles opposés, de sorte que toutes les cellules ont leurs parois de la même épaisseur. Cette épaisseur est d'un demi-millimètre.

Les gâteaux commencés au sommet de la ruche descendent perpendiculairement. A peine le premier rayon a-t-il atteint plusieurs pouces de longueur que les abeilles en construisent un autre de chaque côté, et ainsi de suite, dans la partie supérieure de l'habitation; seulement ces gâteaux sont inachevés; dans une ruche carrée, les abeilles ne commencent pas leurs travaux par le centre, elles choisissent un angle pour y placer leurs constructions. A mesure qu'elles prolongent les gâteaux, les ouvrières les étendent à

droite et à gauche, et les fixent aux parois de
la ruche à l'aide d'un épatement à rayons
formé de cire et de propolis ; néanmoins elles
se ménagent, de distance en distance, de
petites issues pour aller de la surface d'un
gâteau à l'autre surface ; parfois même elles
pratiquent de ces ouvertures au milieu des
rayons.

Les gâteaux, presque toujours parallèles
entre eux, ont environ un pouce d'épaisseur ;
ils embrassent toute la largeur de la ruche et
occupent souvent toute sa hauteur ; quatre à
cinq lignes de distance les séparent les uns
des autres ; ces intervalles servent de passage
aux abeilles et leur offrent un refuge pendant les froids de l'hiver.

Dans la construction des gâteaux, les abeilles commencent par poser le fond d'un alvéole ; elles allongent, à diverses reprises, les
parois de l'alvéole et le disposent de telle
sorte que, au lieu d'être perpendiculaire au
plan des rayons, il soit un peu relevé.

Tous les alvéoles n'ont pas la même dimension : sous ce rapport, on distingue trois sortes d'alvéoles correspondant aux trois sortes d'abeilles qui composent une ruche au printemps.

Les alvéoles les plus nombreux et les plus petits sont ceux des ouvrières, partant, ils forment la majeure partie des gâteaux ; la plupart occupent le milieu de la ruche, c'est-à-dire que, s'il y a huit gâteaux, les quatre rayons du milieu seront exclusivement affectés aux alvéoles d'ouvrières, un gâteau d'alvéoles de mâles les accompagnera à droite et à gauche, et chacun de ceux-ci se trouvera bordé, à son tour, par un nouveau gâteau ne contenant que des alvéoles d'ouvrières. La profondeur des alvéoles d'ouvrières est généralement de cinq lignes, et leur diamètre d'un peu plus de deux ; quelquefois, cependant, les alvéoles des gâteaux les plus excentriques sont du double plus profonds ; dans ce cas, ils ne servent qu'à loger les provisions.

Les alvéoles de mâles offrent à peu près la
même profondeur que ceux des ouvrières,
mais leur diamètre est plus large, il a environ trois lignes et demie ; ces alvéoles, moins
nombreux que les premiers, forment un corps
à part et ne sont jamais mêlés parmi les cellules d'ouvrières. Les alvéoles de la troisième
sorte, désignés sous le nom d'*alvéoles royaux*,
ne ressemblent en rien aux deux autres. Autant les alvéoles de mâles et d'ouvrières sont
minces, autant les alvéoles royaux sont épais.
Construits avec un mélange de cire et de propolis, parfaitement polis à l'intérieur, mais hé-
rissés extérieurement d'alvéoles à peine ébau-
chés, ils présentent une forme ovale-oblongue
d'un pouce de long sur un diamètre de trois
lignes ; ils sont, en outre, placés vertica-
lement, l'ouverture tournée en haut. Quelquefois ces alvéoles occupent le milieu d'un
gâteau ; d'autres fois, ils pendent isolés, en
manière de stalactites, à la partie inférieure
des rayons ; on ne les trouve jamais qu'en

petit nombre dans les ruches; leur poids équivaut à celui de cent alvéoles d'ouvrières.

Les alvéoles royaux servent de berceaux aux jeunes reines, c'est là qu'elles subissent leurs différentes métamorphoses.

Les alvéoles de mâles et d'ouvrières, outre leur usage comme berceaux destinés à ces deux sortes d'abeilles, servent encore à loger les provisions.

Une bonne ruche, dans le cours du printemps, contient environ cinquante mille alvéoles, tant d'ouvrières que de mâles, et plusieurs alvéoles royaux; on conçoit dès lors quelle immense tâche est celle des abeilles. En effet, le temps de la construction des cellules est un de ceux où elles sont le plus en mouvement; elles sortent dès qu'il fait jour, et ne cessent leurs excursions qu'après le soleil couché. Sans cesse occupées à butiner, les unes se répandent dans les champs et dans les bois; les autres vont à la recherche de l'eau dont elles font une grande consommation à cette époque : la construction des alvéoles est alors en pleine activité. A voir la rapidité avec laquelle les rayons s'allongent et s'étendent (les abeilles peuvent bâtir plus de quatre mille alvéoles en vingt-quatre heures), on croirait que les gâteaux vont être promptement achevés, il n'en est rien cependant : au plus fort des travaux, la construction de l'édifice se ralentit, elle est presque suspendue ; de nouvelles occupations plus importantes réclament tous les soins des abeilles, la reine a commencé sa ponte.

§ 3. — Ponte de la Reine.

On pense généralement que la reine n'est fécondée qu'une fois. Elle pond aussitôt après sa fécondation si la chaleur de l'atmosphère le permet. La ponte cesse dans le courant de l'automne, lorsque les fleurs disparaissent ; elle

a lieu tout l'été, et elle est plus ou moins abondante selon la capacité de la ruche, la quantité d'abeilles qui l'habitent, selon la richesse
botanique du pays, et suivant que la température est plus ou moins favorable à la sécrétion
du miel : le nombre des œufs est toujours en
proportion directe avec le nombre des ouvrières.

Au sortir de l'hiver, dès que la température
s'est adoucie, que le coudrier et le marsaule
sont en fleurs, la reine, grosse et lourde, commence sa ponte. Quelques moments avant de
pondre, elle parcourt les gâteaux, entre dans
chaque alvéole la tête la première et l'examine avec soin, puis elle se retourne et y dépose un œuf blanchâtre qui demeure fixé dans
le fond au moyen d'une espèce de gluten.
Chaque alvéole ne contient qu'un seul œuf;
parfois, il est vrai, des reines d'une extrême
fécondité et pressées du besoin de pondre, ne
trouvant pas un assez grand nombre de cellules ébauchées ou construites, laissent tom-

ber plusieurs œufs dans un même alvéole, mais les ouvrières ne tardent pas à s'en apercevoir ; elles enlèvent tous les œufs surnuméraires et les détruisent. Quand la saison est favorable, la ponte se fait avec une telle rapidité, que plusieurs centaines d'œufs en sont le résultat dans une seule journée de printemps ; la reine, néanmoins, se repose à divers intervalles, et pendant ce temps les ouvrières la brossent et lui présentent du miel qu'elles ont dégorgé sur leurs trompes.

La distribution des œufs dans les alvéoles n'est pas laissée au hasard ; chaque œuf est logé dans l'alvéole qui lui est destiné, et rarement la reine se trompe à cet égard ; la ponte elle-même a lieu d'après une marche déterminée qui ne souffre d'exception que dans certaines circonstances particulières.

Les œufs d'abeilles ouvrières sont les premiers pondus ; cette ponte dure deux mois. Au printemps, lorsque la reine a pondu plu-

3

sieurs milliers d'œufs d'ouvrières, elle dépose
un œuf dans chaque alvéole de mâles : cette
ponte dure ordinairement vingt jours. Les ouvrières construisent alors les alvéoles royaux ;
la reine pond, derechef, des œufs d'ouvrières
et aussi quelques œufs de mâles ; mais, dix
jours après cette nouvelle ponte, elle dépose
un œuf dans chaque alvéole royal, et laisse un
ou deux jours d'intervalle entre chaque ponte,
de telle sorte que les jeunes reines n'éclosent
jamais en même temps. L'œuf pondu dans
l'alvéole royal ne diffère en rien des œufs
d'ouvrières : l'expérience a prouvé qu'en ti-
rant un œuf d'un alvéole d'ouvrière pour le
mettre dans un alvéole royal, on obtenait une
jeune reine : en opérant en sens inverse, on
obtiendrait des ouvrières. (*Voyez n° 2, 3° partie de ce Traité.*)

Aussitôt que la reine a commencé de pondre, les ouvrières s'empressent de recueillir
le miel, l'eau et le pollen nécessaires à la
nourriture des insectes qui vont éclore, et

elles changent ces matières en bouillie dans leur estomac.

Le pollen est indispensable pour la nourriture du couvain (on nomme ainsi la progéniture de la reine); des ouvrières, pourvues d'eau et de miel, mais privées de pollen, laissent périr le couvain dans les alvéoles : elles se mettent tout de suite à le nourrir dès qu'on leur fournit du pollen.

On sait que les abeilles butinent le pollen sur les plantes ; voici la manière dont elles le recueillent : lorsqu'une fleur est bien épanouie, que les anthères laissent échapper le pollen dont elles sont remplies, l'abeille entre dans la corolle et s'y roule ; si les anthères ne sont pas encore ouvertes, elle les déchire avec ses mandibules et se frotte contre les poussières fécondantes : l'abeille devient toute poudrée, c'est alors que les poils dont elle est hérissée lui sont d'un grand secours. Quelques ouvrières retournent à la ruche ainsi couvertes de pollen, mais la plupart se net-

toient auparavant ; avec leurs brosses, elles
passent et repassent sur les différentes parties
de leur corps, détachent les poussières qui
s'y sont arrêtées, et les déposent successivement dans leurs palettes : ce manége s'exé-
cute avec une telle vitesse, qu'on a peine à
suivre les mouvements de l'insecte. Mais tout
n'est pas fini. Chaque parcelle de poussière
fécondante doit faire corps avec les autres parcelles logées dans les palettes ; à cet effet,
l'ouvrière se sert du tarse de la seconde paire
de pattes comme d'une main, et, à mesure
qu'elle empile les poussières polliniques sur
les palettes, elle les y fixe en les frappant
à plusieurs reprises ; cette opération terminée, l'abeille s'envole et retourne à la ruche,
où elle se débarrasse de son fardeau.

§ 4. — Education des Larves.

—

Cependant la chaleur de la ruche fait bientôt éclore les œufs pondus par la reine ; l'intervalle qui s'écoule entre le moment de la ponte et celui de l'éclosion dépend en partie de la température atmosphérique ; en général, il est de trois jours lorsque les circonstances sont favorables.

Le moment de l'éclosion arrivé, il sort de l'œuf, sous forme de ver, un petit animal nommé *larve*, de couleur blanche, dépourvu de pattes, marqué de rides transversales et roulé sur lui-même au fond de l'alvéole ; des ouvrières lui apportent plusieurs fois par jour de la bouillie : suivant l'âge de la larve, elles en varient la composition et la proportion.

Les larves de mâles et d'ouvrières sont nourries avec la même bouillie et en reçoivent une égale quantité ; la nourriture destinée aux larves royales est plus abondante et plus sucrée, elle ressemble à une gelée épaisse.

C'est à cette bouillie particulière ainsi qu'à la dimension des alvéoles que les larves royales doivent leur fécondité ; c'est aussi ce qui explique comment des abeilles qui ont perdu leur reine peuvent la remplacer à volonté lorsque la ruche contient des larves de moins de trois jours ; elles choisissent alors une larve d'ouvrière ; elles agrandissent son alvéole en démolissant les cellules qui l'entourent, et lui préparent de la gelée royale : cette nourriture la change bientôt en reine. Telle est encore l'influence de la gelée royale, que s'il vient à en tomber dans les petits alvéoles qui entourent les cellules royales, les larves d'ouvrières qui les habitent et qui se nourrissent de cette gelée, reçoivent une portion de fécondité ; tous leurs caractères extérieurs sont ceux des neutres, mais elles ont, de plus, la faculté de s'accoupler avec les mâles ; seulement elles ne pondent jamais que des œufs

de faux bourdons. (*Voyez* n° 3, 3ᵉ *partie de ce
Traité.*) Ces petites mères, produites, suivant
toute apparence, par un pur accident, vivent
peu de temps, la reine ne tarde pas à les détruire.

La larve d'ouvrière prend tout son accroissement dans l'espace de cinq ou six jours, ce
temps est celui de sa première métamorphose;
les ouvrières ferment alors son alvéole avec
un couvercle légèrement bombé. Ainsi renfermée, la larve se file une coque soyeuse,
elle emploie trente-six heures à cet ouvrage ;
trois jours après, elle se change en *nymphe :*
on appelle de ce nom la seconde métamorphose par laquelle passent la plupart des
insectes avant d'arriver à l'état d'insectes
parfaits. L'abeille, à l'état de nymphe, est
très-blanche ; on distingue, à travers sa peau,
toutes les parties extérieures qui vont bientôt
se développer ; elle reste sept jours et demi
sous cette forme, et, pendant ce temps, son
corps acquiert de la consistance ; enfin, le

vingtième jour, à compter du moment où l'œuf
a été pondu, elle ronge le couvercle de son
alvéole, déchire l'enveloppe qui la retient, et
sort sous la forme d'insecte parfait. L'ouvrière
a donc subi trois métamorphoses ; les mâles et
les jeunes reines passent également par ces trois
états, mais la durée de leurs transformations
n'est pas la même pour l'un et l'autre sexe.

Les mâles restent six jours et demi à l'état
de larves ; ils emploient trente-six heures à filer leur coque, se changent en nymphes trois
jours après, et ne sont métamorphosés en insectes parfaits que le vingt–quatrième jour à
compter du moment où l'œuf a été pondu : ils
peuvent voler sur-le-champ au sortir de l'alvéole.

Les jeunes reines passent cinq jours sous la
forme de larves ; leurs cellules fermées, elles
sont vingt-quatre heures à filer leur coque ;
elles restent dans un repos absolu le dixième
et le onzième jour, ainsi que les seize
premières heures du douzième ; puis se

changent en nymphes et passent quatre jours
un tiers sous cette forme. Le seizième jour, à
partir du moment où l'œuf a été déposé dans
l'alvéole royal, elles sont devenues insectes
parfaits et sont aptes à quitter leurs cellules ;
mais si la mère abeille règne encore dans la
ruche, elles restent prisonnières et sont gar-
dées à vue ; les ouvrières fortifient le couvercle de leurs alvéoles par un cordon de cire,
et n'y laissent qu'un petit trou par lequel elles
dégorgent du miel sur la trompe des jeunes
reines tant que dure leur captivité : la liberté
n'est rendue à aucune avant le départ de la
mère abeille.

Au sortir des alvéoles, les jeunes abeilles
sont tout humides, elles ont besoin de se res-
suyer avant de prendre leur vol, aussi vont-
elles d'abord se placer sur les gâteaux ; là,
des ouvrières s'empressent autour d'elles, elles
les brossent, les lèchent et leur présentent du
miel sur leurs trompes ; pendant ce temps,
d'autres ouvrières nettoient les alvéoles qui

ont servi de berceaux, mais sans ôter les coques qui s'y trouvent ; il en résulte qu'à la
longue, ces mêmes coques accumulées rétré-
cissent la cavité des cellules ; leur nombre
dans chaque alvéole indique toujours la quantité d'abeilles qui y ont été élevées : vingt-
quatre heures après avoir quitté son alvéole,
l'ouvrière va butiner avec les autres abeilles.

Dès que plusieurs larves ont brisé les œufs
qui les renfermaient, l'éclosion n'est plus inter-
rompue que par les variations de l'atmosphère.
Chaque jour, de nouvelles abeilles sortent de
leurs berceaux ; la population de la ruche aug-
mente de plus en plus ; beaucoup de mâles
sont parvenus à l'état d'insectes parfaits ; de
jeunes reines n'attendent plus que le moment
de leur délivrance ; enfin, vient un moment
où le nombre des abeilles devient si considérable, qu'une partie d'entre elles est obligée
de déserter la ruche : c'est le moment de l'essaimage.

§ 5. — Essaimage.

—

Lorsqu'une partie de la ruche émigre pour aller fonder ailleurs une autre colonie, on dit que les abeilles *essaiment* ; le groupe qui compose cette émigration se nomme *essaim*.

Trois conditions sont nécessaires pour le *jet* d'un essaim : 1° la ruche doit être suffisamment peuplée ; 2° elle doit contenir des mâles à l'état d'insectes parfaits ; 3° il doit y avoir du couvain dans les alvéoles royaux.

Les véritables causes de l'essaimage ne sont pas encore bien connues. A cette époque, la ruche est extrêmement peuplée ; la reine entre dans une grande agitation ; elle parcourt toutes les parties de l'habitation, et cherche à détruire les cellules royales ; son agitation se change en délire, et se communique aux abeilles ; le tumulte devient général. La chaleur de la ruche, qui, d'ordinaire, se maintient entre vingt-sept et vingt-neuf degrés, s'élève tout à

coup à trente-deux degrés ; un grand nombre
d'ouvrières et de faux-bourdons se précipitent
alors hors de la ruche ; la mère abeille part
avec eux.

Le jet d'un essaim est ordinairement indi-
qué deux ou trois jours à l'avance. D'abord,
un bruit sourd se fait entendre dans la ruche,
et se renouvelle par intervalle. Les abeilles se
munissent de vivres pour trois jours ; une partie d'entre elles passe la nuit hors de la ruche
et se tient groupée à l'entrée ; celles qui reviennent chargées conservent leur pollen et se
réunissent au groupe ; c'est un signe que
l'essaimage aura lieu dans la journée si le
temps est favorable ; c'est aussi l'indice que
la reine est en état de pondre en entrant dans
sa nouvelle demeure. Le jour de la sortie,
peu d'ouvrières vont butiner ; la plupart volent
devant la ruche ; les mâles sortent plus tôt que
de coutume ; tout à coup les abeilles rentrent
dans la ruche, le bruit cesse. Ce silence est
l'annonce du départ. Bientôt le tumulte re-

commence plus fort que jamais ; les abeilles sortent en foule : elles s'envolent et se balancent au-dessus de la ruche. Pendant ce temps, plusieurs ouvrières se détachent du groupe, et se répandent dans les environs. A peine se sont-elles fixées, que les abeilles, accompagnées de la reine, vont les rejoindre, et se suspendent les unes aux autres en forme de grappe ; peu de temps après, si la mère abeille n'a pas abandonné le groupe pour retourner à la ruche, auquel cas les abeilles vont l'y retrouver, l'essaim s'envole une seconde fois, et se dirige vers l'endroit où les guides se sont arrêtés.

Les essaims sortent principalement depuis neuf heures du matin jusqu'à cinq heures du soir, les jours où l'air est calme et où le soleil brille de tout son éclat. Si le vent souffle avec force, s'il vient à tomber quelques gouttes d'eau, ou même si un gros nuage intercepte les rayons du soleil, l'agitation de la ruche cesse, et l'essaim ne part pas ; dès que ces obstacles ont disparu, l'agitation recommence et les abeilles essaiment : un temps chaud et disposé à l'orage accélère leur sortie.

Une ruche peut jeter jusqu'à quatre essaims pendant l'année. Dans notre climat, cependant, elle en donne rarement plus de deux, souvent même elle n'en produit qu'un seul. L'intervalle du départ entre le premier et le second essaim varie de sept à dix jours ; il est moins long entre le second et le troisième ; le quatrième essaim suit presque immédiatement le troisième. Le premier essaim, s'il est fort et si la saison est favorable, peut en donner un à son tour vingt ou vingt-cinq jours après le jet ; il est rare que les autres essaims en fournissent. Toutes circonstances étant égales, les essaims sont d'autant plus multipliés que le climat est plus chaud et plus riche en fleurs.

A peine l'essaim a-t-il pris possession de sa nouvelle demeure, que les ouvrières se mettent à la nettoyer et à l'enduire de propolis ; elles construisent ensuite des cellules, et la mère abeille, qui les a accompagnées, commence à pondre. Pendant ce temps, que devient la ruche d'où l'essaim est sorti ?

On se rappelle qu'au départ de l'essaim les alvéoles royaux renfermaient du couvain gardé à vue par les abeilles ; celles-ci, lorsque le jet a eu lieu, délivrent, parmi les jeunes reines, celle qui est arrivée la première à l'état d'insecte parfait.

En général, cette reine ne quitte pas la ruche les cinq ou six premiers jours ; elle ne cherche qu'à détruire les autres reines retenues dans les alvéoles royaux; mais les abeilles la mordent, la tiraillent et la forcent de s'éloigner. C'est alors que, harcelée et rencontrant à chaque instant les alvéoles royaux, elle croise ses ailes, appuie son abdomen contre une cellule, et fait entendre un chant analogue à celui de la cigale. A ce bruit toute agitation cesse dans la ruche, les abeilles baissent la tête et demeurent immobiles, comme frappées de stupeur. Cesse-t-elle de chanter pour s'ap-

procher des alvéoles royaux, les abeilles recommencent leur manége; elles la tiraillent
et l'empêchent de se jeter sur les jeunes femelles ; l'agitation s'empare de la reine, son délire se communique aux abeilles, et la ruche
jette un second essaim. La nouvelle reine, non
encore fécondée, part avec lui. Mais si la
reine a été fécondée, la ruche ne donne pas
un second essaim ; les alvéoles royaux ne sont
plus défendus ; la reine les attaque tous l'un
après l'autre, et tue de son aiguillon les femelles qu'ils contiennent. Huber fut un jour
témoin de ce massacre. « La reine, dit-il, se
» jeta avec fureur sur la première cellule
» royale qu'elle rencontra. A force de tra-
» vail, elle parvint à en ouvrir la pointe. Nous
» la vîmes tirailler avec ses mandibules la soie
» de la coque qui y était renfermée ; mais
» probablement ses efforts ne réussissaient
» pas à son gré, car elle abandonna ce bout
» de la grande cellule, et alla travailler à
» l'extrémité opposée, où elle parvint à faire

» une plus grande ouverture. Quand elle l'eut
» assez agrandie, elle se retourna pour y in-
» troduire son ventre; elle fit différents mou-
» vements en tous sens, jusqu'à ce qu'enfin
» elle réussît à frapper sa rivale d'un coup
» d'aiguillon. Alors elle s'éloigna de cette
» cellule, et les ouvrières, qui jusqu'à ce mo-
» ment étaient restées spectatrices de son
» travail, se mirent, après qu'elle eut quitté
» la cellule, à agrandir la brèche qu'elle y
» avait faite, et en tirèrent le cadavre d'une
» reine à peine sortie de son enveloppe de
» nymphe. Pendant ce temps, la reine se
» jeta sur une grande cellule et y fit égale-
» ment une large ouverture, mais elle ne
» chercha point à y introduire l'extrémité de
» son ventre. Cette seconde cellule ne conte-
» nait pas, comme la première, une reine
» déjà développée, elle ne renfermait qu'une
» nymphe de reine. Il y a donc apparence
» que, sous cette forme, les nymphes inspi-
» rent moins de fureur à leurs rivales; mais

4

» elles n'en échappent pas mieux à la mort
» qui les attend; car, dès qu'une grande cel-
» lule est ouverte avant le temps, les ouvriè-
» res en tirent ce qu'elle contenait, sous quel-
» que forme qu'il s'y trouve, de larve, de
» nymphe ou d'insecte parfait, et la reine
» libre ne manque pas de les entamer toutes
» successivement. »

La même scène de massacre a lieu lorsqu'après le départ du premier essaim, ou dans
la confusion qui accompagne parfois la sortie
des essaims secondaires, les abeilles chargées
de la garde des alvéoles royaux sont restées
en trop petit nombre pour empêcher la reine
d'arriver jusqu'à eux; toutes les jeunes femelles sont tuées; cependant, si l'une d'elles,
trompant la vigilance des gardiennes, parvient
à sortir de l'alvéole avant que la reine l'ait
percée de son dard, sa mort n'a pas lieu sans
combat : les deux reines s'attaquent avec fureur, elles cherchent à se percer au défaut
des anneaux, la seule partie vulnérable de

leur corps ; la reine la plus forte ou la plus adroite tue son adversaire, et règne seule dans la ruche. (*Voy. n° 4, troisième partie de ce Traité.*)

L'accouplement a lieu dans les airs. La reine sort de la ruche à l'heure où les mâles ont accoutumé de sortir, c'est-à-dire vers midi, et elle revient peu de temps après ; lorsqu'elle n'a pas rencontré de mâles à sa première sortie, elle en fait une seconde et même une troisième s'il est nécessaire. En général, quarante-six heures après avoir été fécondée, elle commence sa ponte. Si la fécondation a eu lieu pendant les seize premiers jours qui suivent celui où elle est devenue insecte parfait, la ponte s'effectuera d'après les règles ordinaires. Des œufs d'ouvrières seront d'abord pondus ; la ponte cessera pendant la mauvaise saison, et, le printemps suivant, la reine pondra des œufs d'ouvrières, de mâles et de jeunes femelles. S'il s'est écoulé plus de seize jours et moins de vingt et un à partir de

sa dernière métamorphose, la reine pondra
encore des œufs d'ouvrières, de mâles et de
femelles, mais le nombre des œufs de mâle
égalera presque celui des ouvrières, ce qui
n'a lieu que par exception. Enfin, si la ponte
a été retardée jusqu'au vingt et unième jour
et au delà, la reine ne pondra que des œufs
de mâles pendant toute sa vie. (Voy. n° 5,
troisième partie de ce Traité.)

La saison de l'essaimage est maintenant
passée. La nouvelle reine, fécondée pour
toute sa vie, a commencé sa première ponte
d'ouvrières; le temps des travaux d'approvisionnement approche, mais auparavant les
abeilles ont à se débarrasser des faux bourdons qui, désormais, ne vivent plus que pour
consommer les provisions communes : leur
mort va bientôt avoir lieu. Aussitôt que la ruche a jeté le dernier essaim, les ouvrières les
poursuivent sur les gâteaux et les tuent; et tel
est leur acharnement à les détruire, qu'elles
arrachent des alvéoles les mâles qui ne sont

pas encore complétement développés. Il est, cependant, un cas où les mâles sont épargnés, c'est celui où la fécondation de la reine a été retardée jusqu'au vingt et unième jour ; ils ne sont alors ni poursuivis ni tués par les ouvrières ; on les retrouve jusque dans le fort de l'hiver, quand, toutefois, la ruche subsiste encore ; car, le plus ordinairement, le découragement s'empare des abeilles ; elles abandonnent, après l'avoir pillée, une ruche où la population ouvrière n'est plus en nombre pour se maintenir, et ne pourra plus se multiplier : la ruche est également pillée et abandonnée lorsque les abeilles viennent à perdre leur reine, et qu'elles n'ont aucun moyen de la remplacer.

La ruche, après la destruction des mâles, ne contient plus que des neutres et une seule reine ; celle-ci pond jusqu'à l'automne dans les alvéoles d'ouvrières ; pendant ce temps, une partie des abeilles est occupée à nourrir le couvain ; les autres se répandent dans la campagne, et recueillent le miel nécessaire pour les besoins futurs : cette époque est celle des approvisionnements.

§ 6. — Travaux d'Approvisionnement, Hibernage.

La récolte du miel est plus simple que celle du pollen ; l'ouvrière entre dans la corolle des plantes, et pompe avec sa trompe la liqueur sucrée.

Le miel est sécrété par de petites glandes végétales nommées *nectaires* ; cette sécrétion est d'autant plus abondante que l'état de l'atmosphère est plus favorable. Dans les années pluvieuses, le miel est aqueux, les abeilles qui s'en nourrissent sont souvent attaquées d'une maladie qu'on a comparée à la dyssenterie. Les années sèches produisent peu de miel, les abeilles sont alors exposées à périr de faim ; elles n'ont d'autre ressource que d'aller attaquer d'autres abeilles pour s'emparer de leurs provisions ; de là, le pillage des ruches et les combats que se livrent les abeilles. Une température à la fois chaude et humide est celle qui favorise le plus la sécrétion du miel.

Mais ce n'est pas seulement dans la corolle des fleurs que l'abeille recherche le miel ; plusieurs fruits, lorsqu'ils sont ouverts, lui en fournissent encore ; elle en retire aussi une grande quantité du *miellat*, espèce de gomme sucrée que la plupart des plantes, et particulièrement le tilleul, le marronnier, les arbres verts, transsudent par leurs feuilles et leurs jeunes rameaux à certaines époques de l'année. Le miellat est surtout abondant vers le milieu du printemps ; il ne se produit que le matin ; un vent sec et vif, une forte chaleur, le font promptement évaporer ; par un temps calme et chargé d'humidité, il s'accumule à la surface des végétaux.

Le miel recueilli, les abeilles le déposent dans la partie supérieure de la ruche ; elles le logent indifféremment dans les cellules de mâles ou d'ouvrières, et lorsque l'alvéole est complétement rempli, elles le ferment avec un couvercle en cire de forme plate.

Ainsi se passe la fin de la belle saison. Les ouvrières continuent leurs approvisionnements tant qu'il y a des plantes en fleur ou du miellat; lorsqu'elles ne trouvent plus de pollen, elles arrêtent la ponte de la reine en changeant les aliments dont elles la nourrissent, et finissent d'élever le couvain avec le pollen emmagasiné. Bientôt surviennent les vents et les pluies de l'automne; les abeilles ne sortent plus qu'à de rares intervalles. L'hiver, enfin, suspend leurs courses et achève de les retenir prisonnières dans leurs ruches; si le froid est rigoureux, elles se blottissent les unes contre les autres entre les gâteaux, et attendent ainsi le retour du printemps, saison du réveil de la nature et de la reprise des travaux.

Deuxième partie.

─◄••◖○◗••►─

CULTURE DES ABEILLES.

5

DEUXIÈME PARTIE.

Culture des Abeilles.

———

La culture des abeilles est l'art d'élever ces insectes de manière à en retirer le plus grand profit possible ; d'après les différentes parties qu'elle embrasse, on peut la diviser en cinq branches principales, savoir : 1º les ruches ; 2º l'achat des abeilles ; 3º les moyens de les multiplier ; 4º les soins à donner aux abeilles ; 5º enfin, la récolte du miel et de la cire, ainsi que leur manipulation.

ARTICLE Ier.

Des Ruches.

—

A l'état de nature, les abeilles habitent les forêts et s'établissent dans des troncs d'arbres ; mais, réduites en domesticité, elles logent dans les ruches que l'homme leur a préparées. Ces ruches, pour remplir leur destination, c'est-à-dire pour favoriser la multiplication des abeilles et leurs travaux en miel et en cire, doivent être construites suivant certains principes : celles dont l'usage est le plus répandu en France sont faites avec de l'osier ou de la paille ; elles sont d'une seule pièce ou partagées en plusieurs divisions ; leur forme est demi-sphérique, allongée ou carrée.

Les ruches en osier coûtent fort peu, mais leurs minces parois exposent les abeilles à souffrir des variations brusques de l'atmosphère.

Les ruches en paille, par leur épaisseur, mettent les abeilles à l'abri des changements brusques de température ; elles présentent tous les avantages des ruches en osier, et n'ont contre elles que d'être plus sujettes aux attaques des rats et de la gallerie.

La gallerie ou fausse-teigne (*Galeria cereana*) est un insecte extrêmement nuisible aux abeilles ; sa couleur est celle d'un gris-cendré ; on la reconnaît à ses ailes supérieures légèrement échancrées et tachetées de noir vers leur bord interne. La femelle s'accouple pendant la nuit, et, peu de temps après, cherche à pénétrer dans la ruche pour y déposer ses œufs contre les parois ou contre les rayons latéraux ; elle quitte la ruche après avoir pondu. De l'œuf sort une larve qui exerce ses plus grands ravages sous cet état. Elle commence par se filer un petit tuyau ; à mesure qu'elle croît, elle s'avance protégée par une galerie formée de fils de soie, de parcelles de cire et d'excréments ; et, sous cet abri, perce tour à tour chaque alvéole et vit des matières destinées à la nourriture du couvain. À une certaine époque, la gallerie se retire contre les parois de la ruche ou dans un alvéole abandonné ; là, elle se file une coque, se change en chrysalide, puis en papillon, et quitte alors la ruche pour s'accoupler. Lorsque la ruche est suffisamment peuplée, et qu'elle n'a qu'une ouverture de six à huit lignes de hauteur, les abeilles ont bientôt combattu et arrêté le mal ; mais si la ruche est faible, et si de nombreuses galleries l'ont envahie, les abeilles cèdent peu à peu le terrain ; elles abandonnent les gâteaux attaqués et finissent par déserter la ruche.

Les ruches d'une seule pièce n'offrent guère que le seul avantage d'épargner aux abeilles une grande consommation de propolis. Une fois les gâteaux attachés, les abeilles n'ont plus qu'à les continuer de haut en bas, tandis que, dans les ruches composées de plusieurs pièces, elles sont obligées à chaque division d'appliquer de nouveau de la propolis, et, par suite, d'employer beaucoup de temps à ce travail préliminaire. Mais cet avantage des ruches d'une seule pièce est plus que compensé par les nombreux inconvénients qui en sont inséparables; ainsi, la récolte du miel y est très-difficile; on court risque, en la faisant, de perdre une partie du couvain, de tuer un grand nombre d'abeilles, et souvent on est forcé d'étouffer les abeilles, ce qui n'a jamais lieu avec des ruches de plusieurs pièces.

La forme et la dimension des ruches ne sont pas indifférentes. On a remarqué que les abeilles commençaient leurs gâteaux dans les emplacements étroits de préférence à tous autres; sous ce rapport, les ruches en cloche valent mieux que les ruches carrées; la chaleur s'y concentre beaucoup mieux, et les vapeurs produites par la transpiration des abeilles s'écoulent le long des parois, au lieu de tomber sur les abeilles, comme il arrive dans les ruches carrées.

Dans une ruche trop grande pour la population qui l'occupe, les abeilles travaillent avec peu d'ardeur, ne se multiplient pas davantage, parfois même elles abandonnent une telle habitation ; dans une ruche trop petite, les abeilles s'épuisent en essaims, et ces essaims trop faibles ont beaucoup de peine à se soutenir pendant la morte saison.

La ruche la plus répandue en France est *la ruche en cloche d'une seule pièce* ; sa construction est très-simple. On choisit une branche de chêne parfaitement droite, de trois pieds et demi de longueur et d'un diamètre de quinze à dix-huit lignes, et on la fend en quatre parties, en réservant, toutefois, un demi-pied vers l'un des deux bouts. Ces quatre parties doivent être écartées l'une de l'autre de manière à représenter une circonférence de vingt à vingt-cinq pouces ; on les maintient dans cette position à l'aide d'un moule. Lorsque ce premier travail a pris la forme qu'on voulait lui donner, on introduit entre chaque partie de nou-

velles branches de chêne qu'on a d'abord eu
soin de fendre : elles constituent, avec les premières, la carcasse de la ruche ; on les joint
entre elles, et on en remplit les intervalles
avec des rameaux d'osier entrelacés. Cet ouvrage de vannerie terminé, on garnit l'intérieur de la ruche de traverses de bois destinées à soutenir les gâteaux, et on enduit la
surface extérieure de *pourget*, espèce de pâte
composée d'une partie de cendre et de deux
parties de bouse de vache : le pourget a pour
but de garantir les abeilles des injures de
l'air.

La ruche en cloche d'une seule pièce est
très-économique, mais elle offre de graves
inconvénients ; c'est pourquoi les cultivateurs
éclairés lui préfèrent avec raison *la ruche villageoise* inventée par Lombard.

La ruche villageoise est composée de deux
pièces, l'une cylindrique A (*fig.* 1re), appelée
corps, l'autre bombée et servant de *couvercle*
B : elles donnent ensemble une hauteur de

vingt pouces sur un diamètre presque uniforme d'un pied.

Le corps de la ruche est formé de rouleaux
de paille tournés en spirale et serrés de pouce
en pouce par un lien plat ; ses parties extrêmes
sont bordées extérieurement d'un second rouleau dont l'effet est de mieux asseoir la ruche sur son plateau, et de donner plus de
facilité pour attacher ensemble deux ruches
posées l'une sur l'autre, lorsque cette opération est nécessaire.

Au haut du corps de ruche, dans son dans-
œuvre, et tout à fait au niveau du dernier
rouleau, se trouve un plafond établi avec une
planchette C (*fig.* 1re) de dix pouces de largeur en tous sens, dont on a scié les quatre
carnes, de telle sorte qu'en mesurant la planchette d'une carne à l'autre, il y ait un pied.
Ce plafond est fixé par des clous dans le double rouleau supérieur ; les jours qu'il laisse
apercevoir AAAA (*fig.* 2) servent à la circu-
lation des abeilles et au passage des vapeurs.

Un peu au-dessous du plafond, le corps de la ruche est traversé par une baguette de quatre lignes d'épaisseur sur huit lignes de largeur, qui déborde de dix-huit lignes environ de chaque côté DD (*fig.* 1re); elle aide à enlever la ruche avec les deux mains, et donne la facilité d'y attacher le couvercle, qui, lui-même, est traversé à sa base par une baguette correspondante. L'intérieur de la ruche est garni de quatre baguettes en croix placées l'une au-dessus de l'autre à trois ou quatre pouces de distance; au bas du corps de la ruche on a ménagé une ouverture de deux pouces de largeur sur huit lignes de hauteur, pour l'entrée et la sortie des abeilles.

Le couvercle de la ruche est bombé; à son sommet, il présente une ouverture où l'on insère un manche conique retenu dans l'intérieur de la ruche par deux petites traverses en croix; la partie du manche qui se trouve engagée dans le couvercle est moins épaisse que celle qui s'appuie extérieurement sur le

dernier rouleau; celle-ci a pour but d'empêcher que la pluie ne pénètre dans la ruche.

Toutes les ruches villageoises doivent avoir
un diamètre uniforme; les couvercles doivent
également pouvoir s'adapter à tous les corps
de ruche de cette espèce; ce diamètre uniforme s'obtient au moyen d'un moule ou mé-
tier en bois. On prend un morceau de chêne
ou de noyer de deux pouces d'épaisseur et
de treize pouces huit lignes de diamètre, et
l'on creuse le moule d'environ un pouce, en
laissant au pourtour un bord de dix lignes
de large, ce qui donne un pied de diamètre.
On fait un quart de rond en dedans et en
dehors du bord (*fig.* 3); au défaut du quart
de rond, on marque quarante-deux espaces
séparés chacun par la distance d'un pouce;
à chaque marque, on perce un trou avec une
mèche fine, et comme le lien qu'on doit employer est plat, on fait passer dans tous les
trous un fer rouge plat de deux à trois lignes
de largeur.

La paille de seigle est celle dont on se sert généralement dans la construction des ruches villageoises. On choisit la paille la plus saine et la plus propre ; on en retranche les épis, et on la bat avec un morceau de bois rond, afin de la rendre souple sans la briser. Les liens peuvent être fabriqués avec de l'osier, ou, mieux encore, avec l'écorce de la ronce ; ils ne doivent pas avoir plus de deux à trois lignes de largeur. On les fait tremper quelque temps dans l'eau avant de les employer.

Lombard décrit ainsi la construction de sa ruche villageoise :

« On commence la ruche sur le bord du » moule en liant peu de paille d'abord, et en » l'augmentant successivement jusqu'à la sep- » tième ou huitième maille qui doit être de la » grosseur du rouleau boudiné. Les liens doi- » vent s'insinuer dans les trous du côté inté- » rieur du moule, de manière qu'en lui faisant » faire le cercle pour le passer dans le trou » suivant, l'écorce du lien se trouve extérieu-

» rement sur la partie supérieure du rouleau.
» Avant de finir le premier tour sur le bord
» du moule, on attache une seconde fois le
» rouleau en passant un second lien dans les
» échancrures du bord du moule; de cette
» manière le premier rouleau se trouve lié
» deux fois pour le moment.

 » Le second tour est monté sur le premier;
» pour cela on perce en droite ligne, avec un
» poinçon, le rouleau inférieur au quart de
» sa grosseur, tellement que le fer du poin-
» çon fait X avec le lien passé dans les échan-
» crures; on prend le lien et on l'insinue à
» côté de la pointe du fer, et on le tire forte-
» ment à soi. On passe le poinçon dans la
» maille suivante, et faisant faire le cercle au
» lien, on l'insinue dans le rouleau, etc. Par
» ce moyen, les liens des rouleaux inférieurs
» et supérieurs se trouvent fortement liés en-
» semble en X.

 » Il faut toujours insinuer le poinçon en le
» poussant devant soi et en droite ligne; si on

» le faisait en élevant la pointe ou en la plon-
» geant, on ne conserverait pas le diamètre
» uniforme que doit avoir la ruche. Il faut
» espacer également les mailles que marquent
» les liens. On couche entre les rouleaux de
» paille les extrémités des liens qu'on em-
» ploie, et chaque fois qu'on voit le rouleau
» diminuer de grosseur, on écarte un peu la
» paille liée pour y insinuer douze ou quinze
» brins. On a sous la main une petite baguette
» du diamètre inférieur de la ruche pour
» mesurer à chaque tour, afin de se mainte-
» nir dans le diamètre convenu.

» Lorsqu'on a fait trois ou quatre tours, on
» coupe les liens qui passent dans les trous
» du moule pour en séparer la ruche com-
» mencée ; le premier rouleau se trouvant lié
» par les liens passés dans les échancrures,
» on continue la ruche jusqu'à la hauteur de
» quinze pouces ; au dernier tour, on fait
» l'entrée de la ruche, et l'on diminue peu
» à peu la grosseur du dernier rouleau ;

» afin de terminer par une hauteur uniforme.

» Le couvercle de la ruche présente une
» surface bombée. Les deux premiers rou-
» leaux ont le même diamètre que le corps de
» la ruche, mais les autres rentrent insensi-
» blement : leur ensemble ne doit pas avoir
» plus de quatre à cinq pouces de profondeur,
» afin que la reine abeille ne ponde pas dans
» le couvercle. »

La ruche villageoise, d'une construction
facile, est peu dispendieuse ; ses parois épaisses préservent les abeilles des variations brusques de l'atmosphère ; sa division en deux
pièces permet de récolter le miel avec la plus
grande facilité sans nuire en aucune sorte aux
abeilles ni au couvain : elle devrait être adop-
tée partout de préférence à toute autre ruche.

Indépendamment de la ruche en cloche
d'une seule pièce et de la ruche villageoise, il
est encore d'autres ruches d'une construction
plus ou moins ingénieuse ; les plus remar-
quables, sous ce rapport, sont celles qu'on a

inventées pour étudier les mœurs des abeilles; mais leur prix élevé et leur but spécial ne rempliraient pas les vues du cultivateur, qui, avant tout, doit rechercher l'économie.

Quel que soit, au reste, le mode de construction qu'on adopte, dès que la ruche est en état de recevoir les abeilles, on doit la poser sur un *plateau* ou *tablier*, et non pas la placer à terre, comme le font beaucoup de cultivateurs. Le plateau peut être en pierre, en plâtre, ou mieux encore en bois ; on l'assujettit sur trois pieux disposés en triangle, et élevés de dix-huit pouces hors de terre. Cette opération terminée, on recouvre la ruche d'une enveloppe de paille nommée *chemise* ou *surtout*.

Pour faire un surtout, on prend une petite botte de paille de seigle ; on en retranche les épis ; on la lie près de son extrémité supérieure avec du fil de fer ou de l'osier, puis on l'ouvre pour la placer sur la ruche. Le surtout a pour objet d'empêcher la pluie d'arriver jusqu'à la ruche ; on le maintient sur la ruche au moyen d'un lien d'osier ou d'un fil de fer, et on le coiffe d'un pot à fleurs dont on a bouché le trou.

Les ruches ainsi placées sur leurs plateaux et enveloppées de surtouts, peuvent être laissées en plein air (ce qui a lieu ordinairement), ou mises à couvert dans un endroit spécial : on nomme *ruchers* les lieux qui leur sont consacrés.

L'emplacement et la disposition du rucher ne sauraient être déterminés d'une manière rigoureuse ; on doit, à cet égard, prendre pour guides le climat et les circonstances dans lesquels on se trouve ; il est cependant certains principes généraux qu'on peut consulter avec fruit pour se diriger. Ainsi :

1º Il faut, autant que possible, mettre les ruches à l'abri des grands vents et des pluies dominants dans la contrée.

2º L'exposition du levant est généralement la meilleure : on a remarqué que les abeilles sortaient d'autant plus tôt pour butiner, que la ruche était plus tôt frappée des rayons du soleil : dans les pays chauds, l'exposition du midi ne vaut absolument rien.

3° Il faut éloigner les ruches des fumiers et des mares d'eau croupissante.

4° Il faut éviter de placer les ruches le long de chemins très-fréquentés, ainsi que dans les lieux où il se fait habituellement beaucoup de bruit.

5° On doit disposer les ruches avec ordre, et les placer à trente pouces les unes des autres ; si la localité forçait de les placer sur deux rangs, on mettrait les ruches en quinconce, et l'on ménagerait un passage suffisant entre chaque rangée.

6° Enfin, on doit planter autour du rucher quelques arbustes où les essaims puissent s'abattre au moment de leur sortie ; il est également utile d'entourer le rucher des plantes que les abeilles préfèrent, telles que le marsaule, le poirier, l'abricotier, le prunier, l'amandier, le pêcher, le cerisier, le marronnier,

l'orme, le tilleul, les arbres verts, les bruyè-
res, le réséda, les campanules, les mauves,
la bourrache, l'orpin, le thym, la sauge, le
romarin, les fèves et l'acacia : les champs
fournissent aux abeilles le trèfle, le sainfoin,
la luzerne, le colza, etc.

Le rucher doit être tenu avec la plus grande
propreté ; si le terrain est humide, il est bon
de lui donner un peu de pente, et de le gar-
nir de quelques pouces de sable.

ARTICLE II.

De l'achat des Abeilles.

Le temps de l'essaimage et la fin de l'hiver
sont les époques les plus favorables pour acheter des abeilles ; on peut aussi faire l'acquisi-
tion de ruches pendant l'automne, mais alors

on court tous les risques de la mauvaise saison.

C'est aux essaims de l'année qu'on donne
la préférence. On s'assure de la ruche en examinant son intérieur. Si les gâteaux sont jau-
nâtres, et s'ils ne présentent qu'une légère
teinte roussâtre, la ruche est de l'année ; on
la marque d'un signe particulier, afin de la
reconnaître lorsqu'il s'agira de l'enlever ; au
contraire, si les gâteaux sont entièrement d'un
roux brunâtre, la ruche est vieille : il faut la
rejeter, car les alvéoles peuvent contenir un
grand nombre de coques, du vieux pollen, et
surtout des œufs de galleries.

Le premier essaim de l'année est toujours
le meilleur ; on peut l'acheter avec la ruche
ou sans la ruche. Toutes les fois que les circonstances le permettent, il est préférable de
loger les abeilles dans une nouvelle ruche ;
on fait alors son marché avant l'essaimage,
on convient du poids que l'essaim doit avoir,
abstraction faite de celui de la ruche (un bon

essaim pèse de quatre à cinq livres), et l'on
fixe l'époque, passé laquelle on ne recevra
plus d'abeilles, attendu que les essaims secondaires sont ordinairement trop faibles pour
supporter l'hiver.

L'enlèvement des essaims qu'on vient d'a-
cheter exige certaines précautions. Si l'ac-
quéreur habite dans le voisinage, il doit, dès
le soir même de la sortie de l'essaim, transporter ses abeilles au lieu qui leur est destiné :
on a remarqué, en effet, que l'essaim, au
moment de sa sortie, adopte aisément les
nouveaux lieux où on le place, tandis que s'il
s'est écoulé plusieurs jours depuis son départ,
un grand nombre d'abeilles retournent à la
mère ruche et s'y font tuer par les autres
abeilles. Le transport des abeilles ne doit
s'effectuer que la nuit. Lorsque toutes les
abeilles sont rentrées, on soulève doucement
la ruche, on l'enveloppe d'une serpillière qu'on
a fait glisser contre le plateau, et on la renverse dans une hotte qui doit être portée à

dos d'homme. Ce mode de transport est pré--férable à tout autre ; cependant, lorsque l'acheteur demeure à une grande distance, ou bien lorsqu'on veut transporter plusieurs ruches à la fois, on se sert d'une voiture garnie d'une bonne couche de paille, on y enfonce les ruches en ayant soin que leur ouverture se trouve en haut, et on les assujettit de manière qu'elles ne ballottent pas. Ainsi placées, les ruches ne courent aucun risque ; dès qu'on est arrivé, on pose les ruches sur les plateaux, et une demi-heure après cette opération, on ôte les serpillières qui les enveloppaient.

Il est encore un cas où le transport des ruches doit s'effectuer avec les plus grandes précautions, c'est celui où les ruches sont remplies de gâteaux. On sait que les rayons sont attachés aux parois de la ruche par des épatements en cire ; dans les circonstances ordinaires, ces épatements suffisent pour empêcher les gâteaux de tomber ; mais lorsqu'on transporte les ruches d'un lieu à un autre, il

est nécessaire de soutenir les rayons avec des
baguettes, de peur qu'ils ne se détachent et
n'écrasent les abeilles : on évite cet incon-
vénient en garnissant préalablement la ruche
d'un double rang de baguettes en croix.

ARTICLE III.

De la multiplication des Abeilles.

La multiplication des abeilles peut avoir
lieu de deux manières : par des *essaims naturels*, lorsqu'on laisse les abeilles émigrer
librement, ou bien par des *essaims artificiels*,
c'est-à-dire en forçant les abeilles à abandonner la ruche-mère pour passer dans une autre
ruche.

§ 1ᵉʳ. — **Essaims naturels.**

L'apparition des mâles est un indice certain de l'essaimage ; la reine a pondu dans les alvéoles royaux, l'essaim ne tardera pas à sortir : on se prépare à le recueillir.

Quelques jours avant la sortie de l'essaim, on se munit d'un certain nombre de ruches ; si l'on n'a que de vieilles ruches, on en retire les gâteaux qui s'y trouvent et qui pourraient contenir des œufs de galleries ; on les nettoie et on les flambe ensuite à l'intérieur : les ruches neuves n'ont besoin que d'être parfumées avec des plantes aromatiques ; la veille de s'en servir, on les mouille légèrement avec de l'eau miellée. Le cultivateur doit, en outre, se pourvoir des objets suivants, savoir : un masque en fil de laiton ; une paire de gants épais et assez longs pour être noués sur la manche ; un camail qui enveloppe la tête et le cou ;

7

un flacon d'alcali volatil pour remédier aux piqûres faites par les abeilles ; un plumeau ; du sable fin ou un vase plein d'eau, avec une pompe à main ; une serviette, deux fumerons, et une assiette contenant un peu de miel.

Lorsque tout est préparé, on dispose les ruches sur les plateaux vides, et l'on fait une garde assidue pour épier la sortie de l essaim, qui, dans les temps ordinaires, a lieu depuis neuf heures du matin jusqu'à quatre heures du soir, à l'exception des jours où il pleut et où le vent souffle avec violence.

Au sortir de la ruche, l'essaim se balance dans l'air, il faut bien se garder de l'inquiéter en ce moment ; bientôt il prend son vol et va s'abattre sur un point du voisinage ; s'il paraît vouloir se diriger sur un point plus éloigné, on s'empresse de l'arrêter en lui lançant de l'eau ou du sable ; on peut aussi chercher à le détourner de sa course en frappant sur des ustensiles de ménage, ainsi que cela se pratique dans la plupart des localités ; mais à part le but qu'on se propose par ce bruit, d'avertir qu'un essaim est sorti, l'eau et le sable sont bien plus efficaces pour arrêter les essaims.

Dès que l'essaim s'est fixé, on cherche à le garantir des rayons du soleil avec la serviette dont on s'est pourvu. Si l'essaim s'est groupé sur un arbre, on tient la ruche renversée au-dessous et le plus près possible de la branche où il s'est posé, et on y fait tomber les abeilles en secouant la branche ou en détachant l'essaim avec un plumeau ; lorsque la disposition des branches ne permet pas de placer la ruche au-dessous de l'essaim, on la tient au-dessus de lui dans la position naturelle, et on y fait monter les abeilles en les excitant avec un plumeau, ou en les chassant avec de la fumée, si le premier moyen ne suffit pas. Aussitôt que la plus grande partie des abeilles est entrée dans la ruche, on porte celle-ci sur le plateau et on l'y pose avec précaution, en ayant soin de la tenir un peu élevée d'un côté, au moyen d'une ~~toile~~ *pierre* ou d'un morceau de bois. D'abord, les abeilles qu'on a recueillies dans la ruche roulent sur le plateau et sortent en foule ; mais si la reine se trouve dans la ruche, plusieurs ouvrières se placent à l'entrée et agitent leurs ailes ; d'autres ouvrières sonnent le rappel sur divers points ; les abeilles rentrent alors dans la ruche : c'est signe que l'opération a réussi ; on y met fin en chassant avec de la fumée les abeilles qui sont encore sur l'arbre ; ces dernières ne tardent pas à se réunir dans la ruche au reste de l'essaim. Une heure après que toutes les abeilles ont été recueillies, on enlève les objets dont on s'est servi pour tenir la ruche soulevée, et on asseoit définitivement la ruche sur son plateau. Autant que possible, cette nouvelle ruche doit être placée loin de celle d'où l'essaim est sorti, de peur que les abeilles composant l'essaim n'aillent rôder autour d'elle et ne cherchent à y rentrer : elles seraient encore reçues dans la ruche mère s'il ne s'était pas écoulé plus de vingt-quatre heures depuis qu'elles en sont sorties; mais, après ce laps de temps, il y aurait combat entre les deux ruches.

Lorsque l'essaim s'est fixé à terre, rien de plus facile que de le ramasser : on pose une ruche sur les abeilles, on l'abrite des rayons du soleil, et l'on force les abeilles à monter dans la ruche en les enfumant avec un fumeron.

Il est des cas cependant où la cueillette de l'essaim ne s'opère pas avec autant de facilité ; ainsi, lorsque l'essaim s'est abattu dans le creux d'un arbre ou dans un trou de mur, on n'a d'autre ressource que de tremper l'extrémité du plumeau dans de l'eau miellée et de l'enfoncer dans la cavité où se trouve l'essaim; on répète plusieurs fois cette opération, et chaque fois qu'une grande partie des abeilles s'est engluée, on retire le plumeau et on le secoue doucement dans la ruche. Lorsque l'essaim s'est fixé à une grande hauteur sur un arbre élevé, le concours de deux personnes devient indispensable : l'une d'elles, armée d'une longue perche, tend la ruche au-dessus de l'essaim, l'autre monte dans l'arbre et secoue les abeilles dans la ruche; si l'essaim s'est attaché au tronc de l'arbre, on le rassemble en une grosse pelote et on le fait tomber dans la ruche.

Il arrive souvent qu'en secouant la branche sur laquelle l'essaim s'est fixé, la reine, au lieu de tomber dans la ruche avec une partie des abeilles, s'envole et vient de nouveau se poser sur la branche; les abeilles quittent alors la ruche où elles étaient entrées, et retournent près de la reine; dans ce cas, on attend que les abeilles soient bien réunies; dès qu'elles forment un groupe assez épais, on place la ruche au-dessous de la branche, et on y fait tomber les abeilles.

La reine une fois entrée dans la ruche n'y reste pas toujours; on a vu des essaims abandonner à plusieurs reprises les ruches où on les avait recueillis; il faut les y faire rentrer : s'ils continuaient à déserter la ruche quarante-huit heures après y être entrés, on ferait choix d'une autre ruche : on flambe et l'on parfume la première ruche avant de s'en servir de nouveau.

Quelquefois deux essaims, sortis de deux ruches différentes, viennent s'abattre au même endroit; ils peuvent être fixés l'un près de l'autre ou même confondus en un seul essaim. Dans le premier cas, après avoir écarté les essaims avec une plume ou un fumeron, on les recueille séparément; dans le second cas, on essaie de diviser les essaims en deux groupes. Si les abeilles, après cette séparation, demeurent dans leur position respective, il est probable que la cueillette réussira; mais si les abeilles d'un groupe se séparent peu à peu pour se confondre de nouveau en un seul essaim, tout porte à croire que la cueillette sera très-difficile; car les deux reines sont restées dans l'un des groupes. Il est cependant une circonstance où les deux reines étant chacune dans un groupe séparé, les abeilles d'un essaim

tendent toujours à quitter leur groupe pour
se réunir à une seule reine, c'est lorsqu'une
ruche a jeté un essaim secondaire, lequel s'est
réuni à un premier essaim. La reine du premier essaim est fécondée, celle de l'essaim
secondaire ne l'a pas encore été, les abeilles
des deux essaims se réunissent à la reine fécondée, et chaque fois qu'on les en sépare,
elles cherchent à la rejoindre. Si les deux essaims réunis sont faibles, on se borne à les recueillir dans une même ruche ; peu de temps
après leur réunion, les deux reines se battent,
et celle qui tue son adversaire règne seule
dans la ruche. Mais si les essaims sont forts,
leur réunion dans une seule ruche aurait de
grands inconvénients : recueillis dans une ruche ordinaire, ils l'auraient bientôt encom-
brée, et cette ruche, un mois après, jetterait
un nouvel essaim qui, partant trop tard, ne
pourrait pas, dans les cantons médiocres, récolter assez de provisions pour supporter la
mauvaise saison.

Les essaims secondaires sont souvent ac-
compagnés de plusieurs reines qui se sont
échappées de leurs alvéoles pendant le tumulte
de l'essaimage. Outre l'affaiblissement que ces
essaims causent à la ruche mère, ils sont encore
sujets à se séparer en plusieurs groupes ; la
réunion de ces petits groupes ne compose jamais qu'une ruche médiocre ; aussi, dans la
plupart des localités, est-il préférable de s'op-
poser à la sortie des essaims secondaires : on y
parvient en détruisant les alvéoles royaux, ou
en enlevant dans la ruche, le jour même de
la sortie du premier essaim, une partie du
miel ou des rayons.

Tels sont les cas les plus fréquents qui se
présentent dans la récolte des essaims naturels.
On voit, par les détails qui précèdent, que si
la sortie des essaims est une opération toute
naturelle, leur cueillette n'est pas toujours
sans difficultés : il faut veiller pendant longtemps sur la sortie des essaims ; ces derniers
peuvent s'abattre hors de la propriété ; par-

fois même ils se fixent de telle sorte qu'il est
impossible de les recueillir; enfin, il peut arriver
qu'au moment où la ruche est près d'essai-
mer, le mauvais temps empêche l'essaim de
sortir; si ce mauvais temps continuait pendant plusieurs jours, les ouvrières finiraient
par abandonner la garde des alvéoles royaux,
et la mère abeille tuerait les jeunes reines,
auquel cas la ruche n'essaimerait pas. Les
essaims naturels ne suffisent donc pas toujours;
c'est pourquoi, dans beaucoup de circonstances, on doit avoir recours aux essaims artificiels.

§ 2. — Essaims artificiels.

Prendre dans une ruche la reine ainsi
qu'une partie des abeilles, pour les faire passer dans une autre ruche, telle est la théorie
des essaims artificiels.

Toutes les fois qu'on aperçoit des mâles dans la ruche mère, on est certain que les alvéoles royaux renferment de jeunes reines, et, par suite, on peut faire un essaim artificiel.

Trois conditions sont indispensables pour la réussite d'un essaim artificiel :

1° On ne doit jamais faire d'essaim artificiel que dans la saison où les ruches essaiment, et seulement huit ou dix jours avant la sortie naturelle de l'essaim.

2° Il faut qu'il y ait dans la ruche des mâles parvenus à l'état d'insectes parfaits.

3° On doit avoir à sa disposition du couvain royal et des œufs d'ouvrières, ou bien des larves d'ouvrières qui n'aient pas plus de trois jours.

Lorsqu'on veut faire un essaim artificiel avec la ruche en cloche d'une seule pièce, on commence par prendre un tabouret de deux pieds de hauteur, et on le dispose de telle sorte que la partie supérieure de la ruche puisse s'y emboîter; on se munit en outre d'un fumeron.

La veille du jour où l'on veut faire l'essaim, on dépouille la ruche de son surtout, et on la détache du plateau. Pour opérer, on choisit une heure où une partie des ouvrières soit aux champs. On enfume la ruche, la reine gagne le sommet; les abeilles se portent toutes autour d'elle, et la couvrent de leur corps; celles qui ne sont pas sous d'autres abeilles *se mettent en état de bruissement,* c'est-à-dire qu'elles s'élèvent sur leurs pattes, redressent leur abdomen, et font un grand bruit avec leurs ailes. Dans cet état, les abeilles sont tout à fait inoffensives; on renverse alors la ruche dans le tabouret, et on la recouvre d'une ruche vide qui ait le même diamètre. Le point de jonction des deux ruches doit être enveloppé d'une toile assez large pour boucher toute espèce de jour. Les ruches restent ainsi superposées pendant deux ou trois minutes; on profite de

cet intervalle pour mettre sur le plateau de la
ruche qu'on vient d'enlever une ruche nouvelle destinée à recevoir les abeilles qui reviennent des champs. Cependant les abeilles
qu'on a mises en bruissement sortent peu à
peu de leur état d'agitation ; elles parcourent
leurs gâteaux, quelques-unes même entrent
dans la ruche vide ; on frappe alors de petits
coups sur la partie inférieure de la ruche
pleine, et l'on continue de frapper jusqu'à ce
qu'un fort bourdonnement se fasse entendre
dans la ruche supérieure. C'est le moment
d'ôter la toile qui enveloppe les ruches. On
soulève avec précaution la ruche supérieure,
et l'on examine de quel côté montent les
abeilles, en ayant soin, toutefois, de ne pas
interrompre la chaîne qu'elles ont formée :
dès que cette ruche contient assez d'abeilles
pour former un bon essaim, on sépare les
deux ruches, on remet la ruche inférieure
sur son plateau ; on place l'essaim artificiel à

quelque distance, et on le tient enfermé pendant un quart d'heure environ.

Le nombre d'abeilles qui doivent composer
l'essaim artificiel ne saurait être rigoureusement déterminé; il est toujours bon, cependant, de faire l'essaim artificiel un peu fort.
En effet, le couvain près d'éclore remplace
bientôt les abeilles qu'on a enlevées de la
ruche mère, et les ouvrières qui se trouvaient
hors de la ruche au moment de l'opération ne
tardent pas à y rentrer, ainsi que plusieurs
abeilles de la nouvelle ruche. Le point essentiel consiste à faire passer la reine dans la
nouvelle ruche; autrement les abeilles retour-
neraient à la ruche mère. On reconnaît, du
reste, assez facilement si l'opération a réussi.

La reine est-elle entrée dans la nouvelle
ruche, des ouvrières se placent à la porte et
sonnent le rappel, les abeilles rentrent dans la
ruche. Au contraire, si la reine ne s'y trouve
pas, les abeilles abandonnent la nouvelle ruche, et retournent à la ruche mère. Ce qui se

passe dans la ruche mère fait également connaître le résultat de l'opération. Si la reine
l'a quittée, les ouvrières qui reviennent des
champs entrent dans la ruche et n'en sortent
plus : le plus grand silence règne dans la ruche pendant plusieurs heures; mais il s'y trouve
des alvéoles royaux, les abeilles délivrent la
jeune reine qui est éclose la première, et les
travaux recommencent comme auparavant.
Si les abeilles continuaient à ne pas aller aux
champs le lendemain du jour où l'on a fait
l'essaim artificiel, ce serait un indice que la
ruche-mère n'aurait aucun moyen de remplacer la reine qu'on lui a enlevée; cette ruche,
abandonnée à elle-même dans cet état, serait
bientôt perdue, mais on lui enlève un fragment
de rayon, et on le remplace par une portion de
gâteau prise dans une autre ruche, et contenant du couvain royal ou des larves d'ouvrières
de trois jours au plus. La ruche reprend alors
son activité accoutumée.

Lorsqu'on agit sur des ruches villageoises,

l'opération des essaims artificiels a lieu de la manière suivante.

On prend un tabouret carré de dix-huit à vingt pouces de hauteur sur seize de largeur, et garni de planchettes. La planchette qui ferme l'extrémité supérieure du tabouret est percée d'une lunette grillée de dix à douze pouces de diamètre ; sur l'un des côtés du tabouret, on ménage une ouverture pour introduire les matières destinées à enfumer les abeilles (*fig. 4*).

La veille du jour où l'on veut faire l'essaim artificiel, on détache le couvercle du corps de la ruche, et l'on prépare les fumerons. Pour opérer, on met les abeilles en état de bruissement, puis on ôte la ruche du plateau pour l'asseoir, dans sa position naturelle, sur le tabouret, et on met en sa place un corps de ruche vide où se rendent les abeilles qui reviennent des champs. Ce corps de ruche est surmonté du couvercle de la ruche-mère. On enfume la ruche posée sur le tabouret, et on lui joint bout à bout une ruche vide, complète dans toutes ses parties. Les abeilles, chassées par la fumée et excitées par les coups que l'on frappe sur la ruche-mère, montent dans la ruche vide et forment une chaîne le long de ses parois. Dès qu'il est passé assez d'abeilles pour former un bon essaim, on sépare les deux ruches avec précaution; on pose la ruche-mère sur le plateau d'où on l'a tirée, on lui rend le couvercle dont on l'avait dépouillée, et l'on porte l'essaim artificiel à quelque distance; l'opération est terminée lorsque la reine se trouve avec l'essaim artificiel.

On fait les essaims artificiels depuis neuf heures du matin jusqu'à trois heures du soir; il est indispensable de leur fournir du miel pendant les premiers jours qui suivent l'opération.

ARTICLE IV.

Des soins à donner aux abeilles.

—

Les soins qu'exigent les abeilles à l'état de domesticité ne sont pas les mêmes à toutes les époques de l'année; en France, ils varient avec les saisons et les différents climats.

Au sortir de l'hiver, on visite les ruches; on lave les plateaux avec ~~de la chaux~~ *du lait de chaux* ou du vinaigre; on enfume les ruches pour y renouveler l'air, et si l'humidité a attaqué quelques gâteaux, on retranche tout ce qui est moisi.

Dans les premiers beaux jours du printemps, on place dans les ruches du miel dans lequel on mêle un peu de vin et du sel, afin de préserver les abeilles de la diarrhée; si l'on n'a pas de miel à sa disposition, on se sert de sirop fabriqué avec des poires ou des pommes.

Plusieurs cultivateurs, pour nourrir leurs abeilles, se servent d'assiettes remplies de miel; mais les abeilles s'y engluent; d'autres le placent dans des bouteilles suspendues au haut de la ruche; mais, par des temps doux, le miel coule sur les abeilles; par une température froide il coule lentement ou même se congèle tout à fait : la meilleure manière d'approvisionner les abeilles consiste à emplir de miel des gâteaux vides et à les poser sur le plateau dans l'intérieur des ruches. Quel que soit, au surplus, le mode qu'on préfère, il faut donner tout de suite aux abeilles la quantité de miel qui leur est nécessaire, et l'on diminue l'entrée de la ruche qu'on approvisionne, afin que les abeilles des autres ruches ne cherchent pas à s'y introduire.

Dès que la ponte du printemps a commencé, il faut avoir soin de procurer de l'eau aux abeilles; on se sert, à cet effet, d'un baquet garni de terre au tiers de sa hauteur, on y plante un ou deux pieds de cresson et on y

verse de l'eau : par ce procédé, l'eau se maintient toujours pure et les abeilles ne risquent
pas de se noyer.

Si la saison est favorable, il suffit de visiter
les abeilles plusieurs fois par semaine, pour
s'assurer si elles ont de l'activité ; dans les localités où les galleries sont communes, on examine avec soin les ruches. Aperçoit-on des
débris de cire et de petits grains noirs sur les
plateaux, c'est un indice que la ruche est at-
taquée par les galleries ; il faut, sans retard,
s'occuper de les détruire ; on visite aussi avec
soin les surtouts; car les fausses-teignes s'y logent assez communément.

Si la température, après s'être adoucie dans
les premiers jours du printemps, redevenait
froide, ainsi qu'il arrive assez souvent dans plusieurs départements de la France ; si des vents
violents ou des pluies continues empêchaient les
abeilles de sortir, il faudrait s'assurer du poids
des ruches, et si quelques-unes n'avaient plus
de provisions, on les nourrirait avec du miel

ou du sirop. Le miel, à cette époque, ne doit pas être ménagé ; il s'agit de sauver les ruches et de favoriser l'éducation du couvain, afin que les essaims, sortant de bonne heure, puissent faire d'abondantes récoltes ; si le couvain avait péri, il faudrait se hâter de l'enlever de la ruche, de peur que les abeilles ne fussent attaquées de maladies contagieuses.

Dans le courant du printemps, on prépare les ruches pour recueillir les essaims.

Les soins à donner aux abeilles pendant l'été se réduisent presque à détruire les galleries qui volent autour des ruches, et à visiter les ruches.

Si une ruche montre peu d'activité, c'est que les galleries l'ont envahie ou qu'elle a complété ses provisions ; dans le dernier cas, on lui enlève quelques rayons de miel, ou bien on soulève la ruche de quelques pouces au-dessus de son plateau : les abeilles ne tardent pas à reprendre leurs travaux.

Si l'on a de faibles essaims, et si l'on craint

qu'ils ne puissent passer l'hiver, on en réunit
deux ensemble, *on les marie* ; pour cela faire,
on met en état de bruissement les deux essaims, et après avoir posé les ruches l'une au-
dessus de l'autre, on frappe sur la ruche supérieure pour faire tomber l'essaim dans la
ruche inférieure ; on place celle-ci sur le plateau et on tient les abeilles renfermées pendant plusieurs minutes : la réunion des deux
essaims s'effectue sans combat pendant l'état
de bruissement.

Aux approches de la mauvaise saison, on
pèse les ruches pour s'assurer des provisions
qu'elles renferment ; du poids total de la ruche,
on retranche cinq livres pour les abeilles, deux
pour la cire, ainsi que le poids de la ruche vide,
le surplus indique la quantité de miel contenue
dans la ruche : chaque ruche, à l'entrée de
l'hiver, doit être approvisionnée de douze à
quinze livres de miel.

Dans le courant de l'hiver, on renouvelle
de temps en temps l'air des ruches ; cette opé-

ration, loin de nuire aux abeilles, préserve ces insectes de la dyssenterie ; on lute les ruches chaque fois qu'on les remet en place sur les plateaux.

Indépendamment de ces soins à donner aux abeilles pendant les diverses saisons, il en est d'autres encore qu'on peut considérer comme des principes généraux ; ainsi, il faut visiter souvent les abeilles, afin que ces insectes, familiarisés avec le cultivateur, ne soient pas détournés de leurs travaux par sa présence.

Il faut éviter de faire du bruit dans les ruches ; on ne doit jamais soulever les ruches ni les déplacer sans une nécessité absolue.

De ces soins judicieusement appliqués dépend la prospérité des ruches.

ARTICLE V.

De la récolte du miel et de la cire, et de leur manipulation.

—

La récolte du miel et de la cire est le but qu'on se propose en cultivant des abeilles. En France, les opinions sont encore partagées sur l'époque où il convient le mieux de faire cette récolte : dans un grand nombre de localités, on est dans l'usage de *tailler* les ruches pendant l'automne; quelques personnes ajournent cette opération aux premiers jours du printemps ; d'autres, considérant que le miel du printemps est préférable à celui de l'arrière-saison, et que la récolte faite au plus fort de la floraison permet encore aux abeilles de recueillir d'abondantes provisions pour l'hiver, taillent leurs ruches peu de temps après la sortie du premier essaim; cette dernière époque semble, en effet, réunir les conditions les plus favorables; toutefois, avant d'innover, on fera bien de consulter le climat, les ressources du canton et les circonstances où l'on se trouve.

Toutes les ruches ne doivent pas être taillées dans les mêmes proportions : les ruches faibles ont besoin d'être ménagées; les ruches bien approvisionnées peuvent être *dégraissées* avec moins de précaution; cependant, si l'on avait à pécher par quelque excès, il vaudrait mieux ne prendre que peu de miel : les abeilles ne consomment que ce qu'il leur faut strictement pour vivre et pour élever le couvain, et la récolte suivante indemnise de l'excédant qu'on leur a laissé.

La manière de récolter diffère suivant que l'on agit sur des ruches villageoises ou sur des ruches en cloche d'une seule pièce.

Dans les ruches villageoises, la veille du jour où l'on veut faire la récolte, on pèse la ruche

9

pour s'assurer de la quantité de miel qu'elle contient, et l'on détache le couvercle du corps de la ruche. Pour opérer, on frappe plusieurs coups vers le milieu du corps de ruche, afin d'attirer la reine dans le bas; on passe une feuille de ferblanc entre le couvercle et le corps de ruche, on enlève le couvercle et on le remplace aussitôt par un autre couvercle vide. Dès que le couvercle plein est enlevé, on le couvre d'une serviette, afin d'empêcher les abeilles d'y venir butiner; on le dépose dans un endroit obscur, et si quelques abeilles sont restées entre les rayons, on les en chasse avec de la fumée.

La récolte n'est pas aussi facile dans les ruches en cloche d'une seule pièce. A mesure qu'on enfume la ruche, les abeilles gagnent le fond; dès qu'on retire le fumeron, elles couvrent de nouveau les rayons, et l'on ne peut tailler qu'au hasard, au risque de détruire beaucoup d'abeilles et de couper des gâteaux remplis de couvain; c'est pourquoi, dans beaucoup de pays, on prend le parti d'étouffer les abeilles avec une mèche soufrée ; dans d'autres localités, on coupe la partie supérieure de la ruche jusqu'au point où l'on présume qu'il y a du couvain, et l'on recouvre cette ruche ainsi tronquée avec une ruche nouvelle qui l'emboîte de plusieurs pouces. La ruche villageoise n'offre aucun de ces inconvénients, cette raison devrait encore engager les cultivateurs à la substituer aux ruches d'une seule pièce.

Le miel et la cire récoltés, il s'agit de les manipuler : j'emprunte au professeur Bosc les détails de cette double opération.

Dès qu'on a tiré les gâteaux de la ruche, on choisit les plus beaux et les plus blancs parmi ceux qui contiennent le miel, et on les met à part ; on fait également plusieurs lots des autres gâteaux dont la qualité est inférieure : les plus beaux gâteaux occupent ordinairement les côtés de la ruche.

On distingue trois sortes de miel : le miel vierge ou de première qualité, le miel de se-

conde qualité, et le miel grossier ou de troisième qualité.

Pour recueillir du miel vierge, on prend les
gâteaux les plus nouveaux et où il n'y ait eu
ni couvain, ni pollen ; on enlève le couvercle
des alvéoles avec une lame de couteau, et l'on
renverse les rayons sur une claie ou sur une
toile très-claire au-dessus d'un vase destiné à
recevoir le miel. Le premier miel qui découle
est le meilleur de toute la récolte ; lorsqu'il
est extrait, on brise les gâteaux et on les mêle
avec le miel de seconde qualité ; lorsque celui-ci s'est écoulé, on met les rayons en presse,
et le miel qui en sort constitue la troisième
qualité.

Si les gâteaux contenaient des abeilles
mortes, du couvain ou du vieux pollen (*rouget*),
on en purgerait les alvéoles ; car ces matières
porteraient dans le miel un principe de pu-
tréfaction, et par suite lui communiqueraient
une saveur désagréable.

Le miel qui découle naturellement des gâteaux n'a besoin d'aucune préparation ; celui qu'on extrait au moyen de la presse subit une sorte de dépuration : on enlève les matières étrangères qu'il contient lorsqu'on l'écume ou qu'on le transvase.

La couleur du miel est souvent un indice des qualités qui le distinguent. En France, un miel, pour être bon, doit être blanc, grenu et pesant ; il doit avoir en outre une odeur aromatique ; le miel jaune est généralement d'une qualité inférieure, sa coloration est d'autant plus intense qu'il est plus vieux.

Le miel peut se conserver pendant plusieurs années ; il suffit de l'enfermer dans des barils ou dans des vases en terre hermétiquement bouchés, et de le tenir dans un endroit frais ; placé dans des lieux chauds, il fermente, s'aigrit et n'est plus propre qu'à être converti en hydromel ou en vinaigre.

Ce qui reste des gâteaux après l'extraction du miel constitue le marc, c'est de lui qu'on retire la cire. Pour fondre la cire, on remplit

d'eau une chaudière jusqu'au tiers de sa hauteur ; lorsque l'eau est sur le point d'entrer en ébullition, on y jette de la cire de manière que le vase soit rempli aux deux tiers, et l'on entretient un feu modéré. La cire entre bientôt en fusion ; on veille à ce qu'elle ne se répande pas hors de la chaudière, et l'on remue afin qu'elle ne brûle pas contre les parois. Dès que toute la cire est fondue, on diminue le feu et l'on verse la cire dans des sacs en toile forte : au moyen d'une presse, on sépare la cire en fusion d'avec le marc, et l'on continue de presser jusqu'à ce qu'il ne coule plus de cire. A mesure que la cire coule, on la reçoit dans un seau rempli à moitié d'eau chaude ; on la pétrit à plusieurs reprises et on la débarrasse des impuretés qu'elle contient. Cette opération terminée, on fait fondre de nouveau la cire, on achève de lui enlever les matières étrangères qu'elle retient encore ; et on la verse dans un moule : là, elle se refroidit ; on la retire alors du moule, et dans cet état, si l'opération a été bien conduite, la cire peut être livrée au commerce.

Le blanchîment de la cire s'obtient en réduisant la cire en lanières minces et en l'exposant à diverses reprises au soleil et à la rosée.

Troisième partie.

⋖∙∷∙◯∙∷∙⋗

EXPÉRIENCES D'HUBER

sur

LES ABEILLES.

TROISIÈME PARTIE.

Expériences d'Huber sur les Abeilles.

N° 1.

Expériences sur l'origine de la cire.

La cire est-elle véritablement une sécrétion, ou bien provient-elle d'une récolte particulière ? c'est ce que nous voulions savoir.

En supposant qu'elle fût une sécrétion, nous devions d'abord vérifier l'opinion de Réaumur, qui conjecturait qu'elle était due à

l'élaboration du pollen dans le corps des abeilles, quoique nous ne crussions pas, comme cet
auteur, qu'elle en sortît par la bouche. Nous
n'étions pas plus portés à lui attribuer l'origine qu'il lui prête; car nous avions été frap-
pés, comme Hunter, de ce que les essaims
placés nouvellement dans des ruches vides
n'apportaient point de pollen, et construi-
saient néanmoins des gâteaux, tandis que les
abeilles des vieilles ruches, qui n'avaient pas
à bâtir de nouvelles cellules, en faisaient une
abondante récolte.

Il est fort singulier que Réaumur, à qui
cette observation n'avait point échappé, n'ait
pas senti combien elle était peu favorable à
l'opinion commune ; cependant personne n'a
su mieux que lui se mettre à l'abri des pré-
ventions les plus accréditées.

Nous nous décidâmes à faire des expériences en grand pour connaître définitivement si
les abeilles, privées de pollen pendant une
longue suite de jours, feraient également de

la cire. Cette dernière circonstance était fort importante; car nous nous rappelions fort bien que Réaumur, pour expliquer les mêmes faits, avait supposé qu'il fallait au pollen un certain temps pour être élaboré dans le corps des abeilles. L'expérience était bien indiquée: il suffisait de retenir les abeilles dans leur ruche, et de les empêcher ainsi de recueillir ou de manger des poussières fécondantes. Ce fut le 24 mai que nous fîmes cette épreuve sur un essaim nouvellement sorti de la ruche-mère.

Nous logeâmes cet essaim dans une ruche de paille vide, avec ce qu'il fallait de miel et d'eau pour la consommation des abeilles, et nous fermâmes les portes avec soin, afin de leur interdire toute possibilité d'en sortir ; on laissa cependant un libre passage à l'air, dont le renouvellement pouvait être nécessaire aux mouches captives.

Les abeilles furent d'abord très-agitées; nous parvînmes à les calmer en plaçant leur

ruche dans un lieu frais et obscur. Leur captivité dura cinq jours entiers. Au bout de ce
terme, nous leur permîmes de prendre l'essor
dans une chambre dont les fenêtres étaient
soigneusement fermées ; nous pûmes alors visiter leur ruche plus commodément ; elles
avaient consommé leur provision de miel, mais
la ruche, qui ne contenait pas un atome de
cire lorsque nous y établîmes les abeilles, avait
acquis dans l'espace de cinq jours cinq gâteaux
de la plus belle cire. Ils étaient suspendus à
la voûte du panier ; la matière en était d'un
blanc parfait et d'une grande fragilité.

Ce résultat, dont nous ne tirerons pas encore les conséquences, était très-remarquable :
nous ne nous étions pas attendus à une si
prompte et si complète solution du problème.
Cependant, avant d'en conclure que le miel
dont ces abeilles s'étaient nourries les avait
seul mises en état de produire de la cire, il
fallait s'assurer, par de nouvelles épreuves,

qu'on ne pouvait en donner une autre expli-
cation.

Les ouvrières, que nous tenions captives,
avaient pu recueillir les poussières fécondantes
des fleurs lorsqu'elles étaient en liberté; elles
avaient pu faire des provisions la veille et le
jour même de leur emprisonnement, et en
avoir assez dans leur estomac ou dans leur palette pour en extraire toute la cire que nous
avions trouvée dans leur ruche.

Mais s'il était vrai qu'elle vînt des poussières
fécondantes récoltées précédemment, cette
source n'était pas intarissable, et les abeilles,
ne pouvant plus s'en procurer, cesseraient
bientôt de construire des rayons, on les ver-
rait tomber dans l'inaction la plus complète;
il fallait donc prolonger encore la même
épreuve, pour la rendre décisive.

Avant de tenter cette seconde expérience,
nous eûmes soin d'enlever tous les gâteaux
que les abeilles avaient construits pendant
leur captivité. Burnens, avec son adresse or-

dinaire, fit rentrer les abeilles dans leur ruche; il les y renferma comme la première fois, avec une nouvelle ration de miel. Cette épreuve ne fut pas longue ; nous nous aperçûmes dès le lendemain au soir que les abeilles travaillaient en cire neuve ; le troisième jour, on visita la ruche, et l'on trouva effectivement cinq nouveaux gâteaux aussi réguliers que ceux qu'elles avaient faits pendant leur premier emprisonnement.

On enleva jusqu'à cinq reprises les gâteaux, en ayant toujours la précaution de ne point laisser échapper les abeilles au dehors. Ce furent toujours les mêmes mouches ; elles furent nourries uniquement avec du miel pendant cette longue réclusion que nous aurions sans doute pu prolonger encore avec le même succès, si nous l'eussions jugée nécessaire. A chaque fois que nous leur donnâmes du miel, elles produisirent de nouveaux gâteaux; il était donc hors de doute que cette nourriture excitât en elles la sécrétion de la cire.

sans le concours des poussières fécondantes.

Mais il n'était point impossible que le pollen eût la même propriété ; nous ne tardâmes pas à éclaircir ce doute par une nouvelle expérience, qui n'était que l'inverse de la précédente.

Cette fois, au lieu de donner du miel aux abeilles, on ne leur donna pour toute nourriture que des fruits et du pollen ; on renferma ces abeilles sous une cloche de verre, où l'on plaça un gâteau dont les cellules ne contenaient que des poussières accumulées. Leur captivité dura huit jours, pendant lesquels elles ne firent point de cire ; on ne vit pas de plaques sous leurs anneaux. Pouvait-on élever encore quelques doutes sur la véritable origine de la cire ? Nous n'en avions aucun.

Dira-t-on encore qu'elle est contenue dans le miel même, et que ces mouches la mettent en réserve dans ce liquide pour l'employer lorsqu'elles en ont besoin ? Cette dernière objection n'était pas entièrement dénuée de

10

vraisemblance; car le miel contient presque toujours quelques parcelles de cire ; on la voit s'élever à sa surface quand on le délaie dans l'eau ; mais le microscope, en nous montrant que ces particules avaient appartenu à des cellules toutes faites, qu'elles avaient la forme et l'épaisseur des rhombes, quelquefois celle des pans brisés des alvéoles, nous fit juger à quoi devait se réduire le scrupule qui nous avait arrêtés un instant.

Pour répondre d'une manière formelle à cette objection, et pour nous éclairer sur une opinion qui nous était particulière, savoir, que le principe sucré était la véritable cause de la sécrétion de la cire, nous prîmes une livre de sucre réduit en sirop, et nous le donnâmes à un essaim que nous tînmes renfermé dans une ruche vitrée.

Nous rendîmes cette expérience encore plus instructive, en établissant pour objet de comparaison deux autres ruches dans lesquelles furent introduits deux essaims qu'on

nourrit, l'un avec de la cassonnade très-noire,
l'autre avec du miel. Le résultat de cette tri-
ple épreuve fut aussi satisfaisant qu'il était
possible de l'espérer.

Les abeilles des trois ruches produisirent
de la cire ; celles qui avaient été nourries
avec du sucre de différentes qualités en donnèrent plus tôt et en plus grande abondance
que l'essaim qui n'avait été alimenté qu'avec
du miel.

Une livre de sucre réduit en sirop et clarifié
par le blanc d'œuf, produisit dix gros cin-
quante-deux grains d'une cire moins blanche
que celle que les abeilles extraient du miel ;
la cassonnade, à poids égal, donna vingt-deux
gros de cire très-blanche : le sucre d'érable
produisit les mêmes effets.

Pour nous assurer de ces résultats, nous
répétâmes cette expérience sept fois de suite
avec les mêmes abeilles, et nous obtînmes
toujours de la cire, et à peu près dans les proportions indiquées ci-dessus. Il nous paraît

donc démontré que le sucre et la partie sucrée du miel mettent les abeilles qui s'en nourrissent en état de produire de la cire, propriété que les poussières fécondantes des fleurs ne possèdent nullement.

***

N° 2.

Expériences sur la conversion des larves d'abeilles ouvrières en reines.

—

Depuis près de dix ans que je travaille sur les abeilles, j'ai répété tant de fois, et avec un succès si soutenu, les belles expériences de M. Schirach sur la conversion des larves d'abeilles ouvrières en reines, que je ne puis pas élever le moindre doute à cet égard. Je regarde donc comme un fait certain que lorsque les abeilles perdent leur reine, et qu'elles

conservent dans leur ruche des vers d'ouvrières, elles agrandissent plusieurs des cellules
dans lesquelles ils sont logés, qu'elles leur
donnent non-seulement une nourriture diffé-
rente, mais en plus forte dose, et que les vers
élevés de cette manière, au lieu de se convertir en abeilles ouvrières, deviennent de véritables reines.

Je me bornerai dans cette lettre à raconter
quelques détails sur la forme des cellules
royales que les abeilles construisent autour
des vers qu'elles destinent à l'état royal ; je
finirai par la discussion de quelques points sur
lesquels mes observations diffèrent de celles
de M. Schirach.

Lorsque les abeilles ont perdu leur reine,
elles s'en aperçoivent très-vite, et au bout de
quelques heures elles entreprennent les travaux nécessaires pour réparer leur perte.

D'abord, elles choisissent les jeunes vers
d'ouvrières auxquels elles doivent donner les
soins propres à les convertir en reines, et dès

ce moment elles commencent à agrandir les
cellules où ils sont logés. Le procédé qu'elles
emploient est curieux ; pour le faire mieux
comprendre, je décrirai leur travail sur une
seule de ces cellules ; ce que j'en dirai doit
s'appliquer à toutes celles qui contiennent les
vers qu'elles appellent au trône. Après avoir
choisi un ver d'ouvrière, elles sacrifient trois
des alvéoles contigus à celui où il est placé ;
elles en emportent les vers et la bouillie, et
élèvent autour de lui une cloison cylindrique;
sa cellule devient donc un vrai tube, à fond
rhomboïdal; car elles ne touchent point aux
pièces de ce fond; si elles l'endommageaient,
il faudrait qu'elles missent à jour les trois
cellules correspondantes de la face opposée
du gâteau, et que, par conséquent, elles sa-
crifiassent les vers qui les habitent, sacrifice
qui n'était pas nécessaire, et que la nature n'a
pas permis. Elles laissent donc le fond rhomboïdal, et se contentent d'élever autour du
ver un vrai tube cylindrique qui se trouve,

ainsi que les autres cellules du gâteau, placé horizontalement. Mais cette habitation ne peut convenir au ver appelé à l'état de reine que pendant les trois premiers jours de sa vie. Il faut qu'il vive les deux autres jours, pendant lesquels il conserve encore la forme de ver, dans une autre situation : pour ces deux jours, portion si courte de la durée de son existence, il doit habiter une cellule de forme à peu près pyramidale, dont la base soit en haut et la pointe en bas. On dirait que les ouvrières le savent, car dès que le ver a achevé son troisième jour, elles préparent le local que doit occuper son nouveau logement, elles rongent quelques-unes des cellules placées au-dessous du tube cylindrique, sacrifient sans pitié les vers qui y sont contenus, et se servent de la cire qu'elles viennent de ronger pour construire un nouveau tube de forme pyramidale, qu'elles fondent à angle droit sur le premier, et qu'elles dirigent en bas. Le diamètre de cette pyramide diminue insensiblement depuis sa base, qui est assez évasée, jusqu'à la pointe. Pendant les deux premiers jours que le ver l'habite, il y a toujours une abeille qui tient sa tête plus ou moins avancée dans la cellule. Quand une ouvrière la quitte, il en vient une autre prendre sa place. Elles y travaillent à prolonger la cellule à mesure que le ver grandit, et elles lui apportent sa nourriture, qu'elles placent devant sa bouche et autour de son corps ; elles en font une espèce de cordon autour de lui. Le ver, qui ne peut se mouvoir qu'en spirale, tourne sans cesse pour saisir la bouillie placée devant sa tête ; il descend insensiblement, et arrive enfin tout près de l'orifice de sa cellule ; c'est à cette époque qu'il doit se transformer en nymphe. Les soins des abeilles ne lui sont plus nécessaires ; elles ferment son berceau d'une clôture qui lui est appropriée, et il y subit, au temps marqué, ses deux métamorphoses.

M. Schirach prétend que les abeilles ne

choisissent jamais que des vers de trois jours pour leur donner l'éducation royale ; je me suis assuré, au contraire, que l'opération réussit également sur des vers âgés de deux jours seulement.

Je fis placer dans une ruche privée de reine quelques parcelles de gâteaux dont les cellules renfermaient des œufs d'ouvrières et des vers de la même espèce déjà éclos. Le même jour, les abeilles agrandirent quelques-unes des cellules à vers, elles les convertirent en cellules royales, et donnèrent aux vers qui y étaient contenus un épais lit de gelée. Je fis enlever alors cinq des vers placés dans ces cellules, et Burnens leur substitua cinq vers d'ouvrières que nous avions vus sortir de l'œuf quarante-huit heures auparavant. Nos abeilles ne parurent point s'apercevoir de cet échange ; elles soignèrent les nouveaux vers comme ceux qu'elles avaient choisis elles-mêmes ; elles continuèrent à agrandir les cellules où nous les avions placés, et les fermèrent au

11

temps ordinaire. De ces cinq alvéoles, deux reines sortirent presque en même temps. Les trois autres cellules ayant passé leur terme sans qu'aucune reine en fût sortie, nous les ouvrîmes pour voir dans quel état elles y étaient. Nous trouvâmes dans l'une une reine morte sous forme de nymphe ; les deux autres étaient vides ; leurs vers avaient filé leurs coques de soie, mais ils étaient morts avant de passer à l'état de nymphe, et n'offraient plus qu'une peau desséchée.

Je ne puis rien imaginer de plus positif que cette expérience ; il est démontré que les abeilles ont le pouvoir de convertir en reines des vers d'ouvrières, puisqu'elles ont réussi à se donner des reines en opérant sur des vers d'ouvrières que nous leur avions choisis nous-mêmes ; il est également démontré que, pour le succès de l'opération, il n'est pas nécessaire que les vers aient trois jours, puisque ceux que nous avons confiés à nos abeilles étaient âgés de deux jours seulement.

Ce n'est pas tout ; les abeilles peuvent convertir en reines des vers d'ouvrières beaucoup plus jeunes encore. L'expérience suivante m'a appris que lorsqu'elles ont perdu leur reine, elles destinent à la remplacer des vers âgés de quelques heures seulement. Je possédais une ruche qui, étant privée de femelle, n'avait aucun œuf ni aucun ver ; je lui fis donner une reine de la plus grande fécondité ; elle ne tarda pas à pondre dans les cellules d'ouvrières. Je laissai cette femelle dans la ruche un peu moins de trois jours, et je la fis enlever avant qu'aucun des œufs qu'elle avait pondus fût éclos. Le lendemain, c'est-à-dire le quatrième jour, Burnens compta cinquante petits vers dont les plus âgés avaient à peine vingt-quatre heures. Cependant, dès cette époque, plusieurs de ces vers étaient déjà destinés à devenir reines : la preuve en est que les abeilles avaient mis autour d'eux une provision de gelée beaucoup plus grande que celle qu'elles donnent aux vers ordinaires.

Le jour suivant, les vers avaient près de quarante heures ; les abeilles avaient agrandi leurs berceaux ; elles avaient converti leurs cellules hexagones en cellules cylindriques de la plus grande capacité ; elles y travaillèrent encore les jours suivants, et les fermèrent le cinquième jour, à dater de la naissance des vers. Sept jours après la clôture de la première de ces cellules royales, nous en vîmes sortir une reine ; cette reine commença à se jeter sur les autres cellules royales, et elle chercha à y détruire les vers ou les nymphes qui y étaient renfermés.

On voit par ces détails que M. Schirach n'avait point encore assez varié ses expériences, lorsqu'il a affirmé que, pour se convertir en reines, il fallait que les vers d'ouvrières fussent âgés de trois jours. Il est certain que l'opération a le même succès, non-seulement sur les vers de deux jours, mais encore sur ceux qui ne sont âgés que de quelques heures ; il n'y aurait qu'un seul cas où l'opération ne réussirait pas, ce serait celui où les larves d'abeilles ouvrières auraient plus de trois jours.

N° 3.

Expérience qui prouve que la gelée royale exerce une grande influence sur les larves d'ouvrières qui s'en nourrissent.

—

Depuis les belles découvertes de M. Schirach, il est hors de doute que toutes les abeilles ouvrières sont originairement du sexe féminin ; la nature leur a donné les germes d'un ovaire, mais elle n'a permis qu'il se développât que dans le cas particulier où ces abeilles recevraient, sous la forme de ver, une nourriture particulière. Il faut donc examiner avant tout si nos ouvrières fécondes ont eu, dans l'état de ver, cette même nourriture.

Toutes mes expériences m'ont convaincu qu'il ne naît des abeilles capables de pondre que dans les ruches qui ont perdu leur reine. Or, lorsque les abeilles ont perdu leur reine, elles préparent une grande quantité de gelée royale pour en nourrir les vers qu'elles destinent à la remplacer. Si donc les ouvrières fécondes ne naissent jamais que dans ce seul cas, il est évident qu'elles ne naissent que dans les ruches dont les abeilles préparent de la gelée royale. C'est sur cette circonstance que je portai toute mon attention ; elle me fit soupçonner que lorsque les abeilles donnent à quelques vers l'éducation royale, elles laissent tomber, ou par accident, ou par une sorte d'instinct dont j'ignore le principe, de petites portions de gelée royale dans les alvéoles voisins des cellules où sont les vers destinés à l'état de reines. Les vers d'ouvrières qui ont reçu accidentellement ces petites doses d'un

aliment aussi actif, doivent en ressentir plus
ou moins d'influence : leurs ovaires doivent
acquérir une sorte de développement; mais ce
développement sera imparfait. Pourquoi? parce
que la nourriture royale n'a été administrée
qu'en petites doses, et que d'ailleurs les vers
dont je parle ayant vécu dans les cellules du
plus petit diamètre, leurs parties n'ont pas pu
s'étendre au-delà des proportions ordinaires.
Les abeilles qui naîtront de ces vers auront
donc la taille et tous les caractères extérieurs
des simples ouvrières, mais elles auront de
plus la faculté de pondre quelques œufs, par
le seul effet de la petite portion de gelée
royale qui aura été mêlée à leurs autres aliments.

Pour juger de la justesse de cette explica-
tion, il fallait suivre, dès leur naissance, les
ouvrières fécondes, chercher si les alvéoles
dans lesquels elles sont élevées se trouvent
constamment dans le voisinage des cellules
royales, et si la bouillie dont ces vers se nour-

rissent, est mêlée de quelques portions de gelée royale. Malheureusement, cette dernière
partie de l'expérience est fort difficile à exé-
cuter. Quand la gelée royale est pure, on la
reconnaît à son goût aigrelet et relevé, mais
lorsqu'elle est mêlée de quelque autre substance, on ne distingue plus sa saveur que
d'une manière très-imparfaite. Je crus donc
devoir me borner à l'examen de l'emplacement des cellules où naissent les ouvrières fécondes.

En juin 1790, je m'aperçus que les abeilles
d'une de mes ruches les plus minces avaient
perdu leur reine depuis plusieurs jours, et
qu'il ne leur restait aucun moyen de la remplacer, parce qu'elles n'avaient point de vers
d'ouvrières. Je leur fis donner alors une petite portion de gâteau dont toutes les cellules
contenaient un jeune ver de cette sorte. Dès
le lendemain, les abeilles prolongèrent plusieurs de ces alvéoles en forme de cellules
royales autour des vers qu'elles destinaient à

devenir reines. Elles donnèrent aussi des soins
aux vers placés dans les cellules voisines de
celles-là. Quatre jours après, toutes les cellules royales qu'elles avaient construites
étaient fermées, et nous comptâmes avec
plaisir dix-neuf petits alvéoles qui avaient
également reçu toute leur perfection, et qui
étaient fermés d'un couvercle. Dans ces derniers étaient les vers qui n'avaient pas reçu
l'éducation royale; mais comme ils avaient
pris leur accroissement dans le voisinage des
vers destinés à remplacer la reine, il était
très-intéressant pour moi d'observer ce qu'ils
deviendraient. Il fallait saisir le moment où ils
prendraient leur dernière forme. Pour ne pas
le manquer, j'enlevai ces dix-neuf cellules;
je les plaçai dans une boîte grillée que j'in-
troduisis au milieu de mes abeilles; j'enlevai
également les cellules royales, car il impor-
tait beaucoup que les reines qui devaient en
sortir ne vinssent pas compliquer ou déranger
les résultats de mon expérience. Il y avait

bien ici une autre précaution à prendre ; je devais craindre qu'en privant mes abeilles du fruit de leurs peines et de l'objet de leurs espérances, elles ne tombassent dans le découragement ; je pris donc le parti de leur donner une autre portion de gâteau qui contînt du couvain d'ouvrières, en me réservant de leur enlever impitoyablement ce nouveau couvain quand le temps en serait venu. Ce moyen réussit à merveille ; les mouches, en donnant leurs soins à ces derniers vers, oublièrent ceux que je leur avais enlevés.

Quand le moment où les vers de mes dix-neuf cellules devaient subir leur dernière transformation approcha, je fis visiter plusieurs fois chaque jour la boîte grillée où je les avais renfermés, et j'y trouvai enfin six abeilles exactement semblables aux abeilles ouvrières ; les vers qui étaient dans les treize autres cellules périrent sans se métamorphoser en mouches.

J'ôtai alors de ma ruche la dernière portion

de couvain que j'y avais placée pour prévenir le découragement des ouvrières ; je mis à part les reines nées dans les cellules royales, et après avoir peint d'une couleur rouge le corselet de mes six abeilles, après leur avoir amputé l'antenne droite, je les fis entrer toutes les six dans la ruche.

On conçoit facilement quel était mon projet dans cette suite d'opérations. Je savais qu'il n'y avait aucune reine parmi mes abeilles ; si donc, en continuant à les observer, je trouvais dans les gâteaux des œufs nouvellement pondus, combien ne devenait-il pas vraisemblable qu'ils l'auraient été par l'une ou l'autre de mes six abeilles ! Mais, pour en acquérir la parfaite certitude, il fallait les surprendre au moment de la ponte, et afin de les reconnaître, il fallait les marquer de quelque tache ineffaçable.

Cette marche eut un plein succès. En effet, nous ne tardâmes pas à apercevoir des œufs dans la ruche ; le nombre en augmentait même tous les jours; les vers qui en provenaient étaient tous de la sorte des faux bourdons; mais il se passa bien du temps avant que nous pussions saisir les mouches qui les pondaient.

Enfin, à force d'assiduité et de persévérance, nous aperçûmes une abeille qui introduisait sa partie postérieure dans une cellule; nous ouvrîmes la ruche, nous saisîmes cette abeille, nous vîmes l'œuf qu'elle venait de déposer, et, en l'examinant elle-même, nous reconnûmes à l'instant, aux restes de couleur rouge qu'elle avait sur son corselet, et à la privation de son antenne droite, qu'elle était une de ces six mouches élevées sous la forme de ver dans le voisinage des cellules royales.

Je n'eus plus de doute alors sur la vérité de ma conjecture; je ne sais cependant si la démonstration que je viens d'en donner paraîtra aussi rigoureuse, mais voici comment je raisonne. S'il est certain que les ouvrières fécondes naissent toujours dans les alvéoles voi-

sins des cellules royales, il n'est pas moins
sûr que le voisinage est en lui-même une
circonstance assèz indifférente, car la gran-
deur et la forme de ces cellules ne peuvent
produire aucun effet sur les vers qui naissent
dans les alvéoles qui les entourent. Il y a donc
ici quelque chose de plus ; or, nous savons
que les abeilles portent dans les cellules
royales une nourriture particulière ; nous savons encore que l'influence de cette bouillie
sur le germe des ovaires est très-puissante,
qu'elle peut seule développer ce germe ; il
faut donc nécessairement supposer que les
vers placés dans les alvéoles voisins ont eu
part à cette nourriture. Voilà donc ce qu'ils
gagnent au voisinage des cellules royales,
c'est que les abeilles qui se portent en foule
vers ces dernières passent sur eux, s'y arrêtent, et laissent tomber quelque portion de
gelée qu'elles destinent aux vers royaux. Je
crois ce raisonnement conforme aux règles
d'une saine logique.

J'ai répété si souvent l'expérience que je viens de décrire, et j'en ai pesé toutes les circonstances avec tant de soin, que je suis parvenu à faire naître des abeilles ouvrières fécondes dans mes ruches toutes les fois que je le veux. Le moyen est simple : j'enlève la reine d'une ruche; aussitôt les abeilles travaillent à la remplacer en agrandissant plusieurs des cellules qui contiennent du couvain d'ouvrières, et en donnant aux vers qu'elles renferment la gelée royale; elles laissent aussi tomber de petites doses de cette bouillie sur les jeunes vers logés dans les cellules voisines, et cette nourriture développe jusqu'à un certain point leurs ovaires. Il naît donc toujours des ouvrières fécondes dans les ruches où les abeilles s'occupent à réparer la perte de leur reine, mais il est fort rare qu'on les y trouve, parce que les jeunes reines élevées dans les cellules royales se jettent sur elles et les massacrent; il faut donc, pour sauver leur vie, enlever leurs ennemis; il faut emporter les cellules royales avant que les vers qui y sont logés aient subi leur dernière trans-formation. Alors les ouvrières fécondes, ne trouvant plus de rivales dans la ruche au moment de leur naissance, y seront fort bien reçues, et si on a soin de les marquer de quelque tache reconnaissable, on les verra pondre quelques jours après des œufs de mâles. Tout le secret du procédé que j'indique ici consiste donc à enlever les cellules royales à temps, c'est-à-dire dès qu'elles sont fermées, et avant que les jeunes reines en soient sorties.

Nº 4.

Expériences sur les combats des reines.

—

M. de Réaumur avait observé que quand il naît ou qu'il survient quelque reine surnuméraire dans une ruche, l'une des deux périt en peu de temps ; à la vérité, il n'avait pas vu le combat dans lequel elle succombe, mais il avait conjecturé que les reines s'attaquaient réciproquement, et que l'empire demeurait à la plus forte ou à la plus heureuse. M. Schirach, au contraire, et après lui M. Riem, prétendent que ce sont les abeilles ouvrières qui se jettent sur les reines étrangères, et qui les tuent à coups d'aiguillon. Je ne comprends pas par quel hasard ils ont pu faire cette observation, car, comme ils ne se servaient que de ruches assez épaisses, où se trouvaient plusieurs rangs de gâteaux parallèles, ils pouvaient tout au plus apercevoir le commencement des hostilités : les abeilles courent très-vite quand elles se combattent; elles fuient de tous côtés ; elles se glissent entre les gâteaux, et cachent ainsi leurs mouvements à l'observateur. Pour moi, qui me suis servi des ruches les plus favorables, je n'ai jamais vu de combat entre les reines et les ouvrières, mais bien souvent entre les reines elles-mêmes.

J'avais, en particulier, une ruche dans laquelle se trouvaient à la fois cinq ou six cellules royales, dont chacune renfermait une nymphe : l'une d'elles, étant plus âgée, subit avant les autres sa transformation. Il y avait à peine dix minutes que cette jeune reine était sortie de son berceau, qu'elle alla visiter les autres cellules royales fermées; elle se jeta avec fureur sur la première qu'elle rencontra; à force de travail, elle parvint à en ouvrir la pointe; nous la vîmes tirailler la soie de la coque qui y était renfermée, mais probablement ses efforts ne réussissaient pas à son gré, car elle abandonna ce bout de la cellule royale, et alla travailler à l'extrémité opposée, où elle parvint à faire une plus large ouverture ; quand elle l'eut assez agrandie, elle se retourna pour y introduire son ventre ; elle y fit divers mouvements en tous sens, jusqu'à ce qu'enfin elle réussit à frapper sa rivale d'un coup d'aiguillon mortel. Alors elle

12

s'éloigna de cette cellule, et les abeilles, qui y étaient restées jusqu'à ce moment spectatrices de son travail, se mirent, après son départ, à agrandir la brèche qu'elle y avait faite, et en tirèrent le cadavre d'une reine à peine sortie de son enveloppe de nymphe.

Pendant ce temps-là, la jeune reine victorieuse se jeta sur une autre cellule royale, et y fit également une large ouverture, mais elle ne chercha point à y introduire l'extrémité de son ventre : cette seconde cellule ne contenait pas, comme la première, une reine déjà développée et à laquelle il ne restait plus qu'à sortir de sa coque ; elle ne renfermait qu'une nymphe royale. Il y a donc toute apparence que, sous cette forme, les nymphes des reines inspirent moins de fureur à leurs rivales; mais elles n'en échappent pas mieux à la mort qui les attend ; car, dès qu'une cellule a été ouverte avant le temps, les abeilles en tirent ce qu'elle contenait, sous quelque forme qu'il s'y trouve, de ver, de nymphe ou de reine; aussi,

lorsque la reine victorieuse eut quitté cette
seconde cellule, les ouvrières agrandirent
l'ouverture qu'elle y avait pratiquée, et en tirèrent la nymphe qui y était renfermée. Enfin, la jeune reine se jeta sur une troisième
cellule, mais elle ne réussit pas à l'ouvrir ;
elle y travaillait languissamment, elle paraissait fatiguée de ses premiers efforts. Nous
avions besoin, dans ce temps-là, de reines
pour quelques expériences particulières ; nous
nous déterminâmes donc à emporter les autres
cellules royales qu'elle n'avait pas attaquées
encore, pour les mettre à l'abri de ses fu-
reurs.

Nous voulûmes voir ensuite ce qui arrive-
rait dans le cas où deux reines sortiraient de
leurs cellules en même temps, et par quels
coups l'une des deux périrait. Nous fîmes sur
ce sujet une observation que je trouve dans
mon journal en date du 15 mai 1790.

Deux jeunes reines sortirent ce jour-là de
leurs cellules, presque au même moment,

dans une de nos ruches les plus minces. Dès
qu'elles furent à portée de se voir, elles s'é-
lancèrent l'une contre l'autre avec l'apparence
d'une grande colère, et se mirent dans une
situation telle, que chacune avait ses antennes
prises dans les mâchoires de sa rivale ; la tête,
le corselet et le ventre de l'une étaient opposés à la tête, au corselet et au ventre de l'autre ; elles n'avaient qu'à replier l'extrémité
postérieure de leur corps, elles se seraient
percées réciproquement de leur aiguillon, et
seraient mortes toutes les deux dans ce combat. Mais il semble que la nature n'a pas voulu
que leurs duels fissent périr les deux combattantes ; on dirait qu'elle a ordonné aux reines
qui se trouveraient dans la situation que je
viens de décrire (c'est-à-dire face à face et
ventre contre ventre), de se fuir à l'instant
même avec la plus grande précipitation. Aussi,
dès que les deux rivales dont je parle sen-
tirent que leurs parties postérieures al-
laient se rencontrer, elles se dégagèrent l'une

de l'autre, et chacune s'enfuit de son côté.

Quelques minutes après que nos deux reines se furent séparées, leur crainte cessa, et elles recommencèrent à se chercher; bientôt elles s'aperçurent, et nous les vîmes courir l'une contre l'autre : elles se saisirent encore comme la première fois; et se mirent exactement dans la même position ; le résultat en fut le même : dès que leurs ventres s'approchèrent, elles ne songèrent plus qu'à se dégager l'une de l'autre, et elles s'enfuirent. Les abeilles ouvrières étaient fort agitées pendant tout ce temps-là, et leur tumulte paraissait s'accroître lorsque les deux adversaires se séparaient. Nous les vîmes, à deux différentes fois, arrêter les reines dans leur fuite, les saisir par les jambes, et les retenir prisonnières plus d'une minute. Enfin, dans une troisième attaque, celle des deux reines qui était la plus acharnée ou la plus forte courut sur sa rivale au moment où celle-ci ne la voyait pas venir; elle la saisit avec ses mandibules à la nais-

sance de l'aile, puis monta sur son corps, et
amena l'extrémité de son ventre sur les derniers anneaux de son ennemie, qu'elle parvint facilement à percer de son aiguillon ; elle
lâcha alors l'aile qu'elle tenait entre ses mandibules, et retira son dard; la reine vaincue
tomba, se traîna languissamment, perdit ses
forces très-vite, et expira bientôt après. Cette
observation prouvait que les reines vierges se
livrent entre elles des combats singuliers ;
nous voulûmes voir ensuite si les reines fécondes et mères avaient les unes contre les
autres la même animosité.

Nous choisîmes pour cette nouvelle observation, le 22 juillet, une ruche plate dont la
reine était très-féconde, et comme nous étions
curieux de savoir si elle détruirait les cellules
royales, ainsi que le pratiquent les reines vierges, nous plaçâmes d'abord au milieu de son
gâteau trois de ces cellules fermées. Aussitôt
qu'elle les aperçut, elle s'élança sur le groupe
qu'elles formaient, les perça vers leur base, et

ne les quitta qu'après avoir mis à découvert
les nymphes qui y étaient renfermées. Les
ouvrières qui, jusqu'à ce moment, étaient restées spectatrices de cette destruction, vinrent
alors pour enlever les nymphes royales ; elles
prirent avidement la bouillie qui reste au fond
de ces cellules, elles sucèrent aussi ce qui se
trouvait de fluide dans l'abdomen des nymphes,
et finirent par détruire les cellules dont elles
les avaient tirées.

Nous introduisîmes ensuite dans cette même
ruche une reine très-féconde, dont nous avions
peint le corselet pour la distinguer de la reine
régnante. Il se forma très-vite un cercle d'a-
beilles autour de cette étrangère ; mais leur
intention n'était pas de l'accueillir ou de la
caresser, car insensiblement elles s'accumu-
lèrent si bien autour d'elle, et la serrèrent de
si près, qu'au bout d'une minute elle perdit
sa liberté et se trouva prisonnière. Ce qu'il y
a ici de très-remarquable, c'est qu'au même
temps d'autres ouvrières s'accumulaient au-

tour de la reine régnante, et gênaient tous
ses mouvements : nous vîmes l'instant où elle
allait être enfermée comme l'étrangère. On
dirait quelquefois que les abeilles prévoient
le combat que vont se livrer les deux reines,
et qu'elles sont impatientes d'en voir l'issue,
car elles ne les retiennent prisonnières que
lorsqu'elles paraissent s'écarter l'une de l'autre ; et si l'une des deux, moins gênée dans
ses mouvements, semble vouloir se rappro-
cher de sa rivale, alors toutes les abeilles qui
formaient ces massifs s'écartent pour leur
laisser l'entière liberté de s'attaquer, puis elles reviennent les serrer de nouveau, si les
reines paraissent encore disposées à fuir.

Nous avons vu ce fait très-souvent, mais
il présente un trait si neuf et si extraordinaire
de la police des abeilles, qu'il faudrait le re-
voir mille fois pour oser l'assurer positive-
ment. Je poursuis la description du combat de
nos deux abeilles.

Le massif d'abeilles qui entouraient la reine

régnante lui ayant permis quelque léger mouvement, elle parut s'acheminer vers la portion du gâteau sur laquelle était sa rivale;
alors toutes les abeilles se reculèrent devant
elles; peu à peu la multitude d'ouvrières qui
séparaient les deux adversaires se dissipa; enfin, il n'en restait plus que deux qui s'écar-
tèrent et permirent aux reines de se voir: en
cet instant la reine régnante se jeta sur l'é-
trangère, la saisit avec ses mandibules près de
la racine des ailes, et parvint à la fixer contre
le gâteau, sans lui laisser la liberté de faire
de la résistance ni même aucun mouvement;
ensuite elle recourba son ventre et perça d'un
coup mortel cette malheureuse victime de notre curiosité.

Enfin, pour épuiser toutes les combinai-
sons, il nous restait encore à découvrir s'il y
aurait un combat entre deux reines dont l'une
serait féconde et l'autre vierge, et quelles en
seraient les circonstances et l'issue.

Nous avions une ruche vitrée dont la reine

13.

était vierge et âgée de vingt-quatre jours ;
nous y introduisîmes le 18 septembre une
reine très-féconde, et nous la plaçâmes sur la
face du gâteau opposée à celle où était la reine
vierge, pour nous donner le temps de voir
comment les ouvrières la recevraient ; elle fut
bientôt entourée d'abeilles qui l'enveloppèrent. Cependant elle ne fut qu'un instant ser-
rée entre leurs cercles ; elle était pressée de
pondre, elle laissait tomber ses œufs, et nous
ne pûmes voir ce qu'ils devinrent. Le groupe
qui entourait cette reine s'étant un peu dissipé,
elle s'achemina vers le bord du gâteau et se
trouva bientôt à une très-petite distance de la
reine vierge. Dès qu'elles s'aperçurent, elles
s'élancèrent l'une contre l'autre ; la reine
vierge monta alors sur le dos de sa rivale et
darda sur son ventre plusieurs coups d'aiguillon ; mais comme ces coups ne portèrent que
sur la partie écailleuse, ils ne lui firent aucun
mal, et les combattantes se séparèrent ; quelques minutes après, elles revinrent à la charge :

cette fois, la reine féconde parvint à monter
sur le dos de son ennemie, mais elle chercha
inutilement à la percer, l'aiguillon n'entra
pas dans les chairs ; la reine vierge parvint à
se dégager et s'enfuit ; elle réussit encore à
s'échapper dans une autre attaque où la reine
féconde avait pris sur elle l'avantage de la position. Ces deux rivales paraissaient de même
force, et il était difficile de prévoir de quel
côté pencherait la victoire, lorsque, enfin, par
un hasard heureux, la reine vierge perça
mortellement l'étrangère qui expira sur le
moment même.

Le coup avait pénétré si avant, que la reine
victorieuse ne put pas d'abord retirer son
dard, et qu'elle fut entraînée dans la chute de
son ennemie. Nous la vîmes faire bien des efforts pour dégager son aiguillon ; elle n'y put
réussir qu'en se tournant sur l'extrémité de
son ventre, comme sur un pivot. Il est probable que, par ce mouvement, les barbes de
l'aiguillon se fléchirent, se couchèrent en spi-

rale autour de la tige, et qu'elles sortirent ainsi de la plaie qu'elles avaient faite.

N. 5.

Expériences sur les reines abeilles dont la fécondation est retardée.

—

J'enfermai dans une ruche une reine au moment de sa naissance, et je l'empêchai de sortir en rendant les portes de son habitation trop étroites pour elle.

Pendant le cours de cette longue prison, la reine ne sortit pas une seule fois, elle ne put donc pas être fécondée. Le trente-sixième jour je lui rendis enfin la liberté, elle en profita bien vite, et ne tarda pas à revenir avec les signes les plus marqués de fécondation.

Quelle fut ma surprise, lorsque je reconnus que cette reine, qui commença comme à l'ordinaire sa ponte quarante-six heures après l'accouplement, ne pondait point des œufs d'ouvrières, mais des œufs de faux-bourdons, et que, dans la suite, elle pondit uniquement des œufs de cette sorte !

Je m'épuisai d'abord en conjectures sur ce fait singulier; mais plus j'y réfléchissais, plus je le trouvais inexplicable. Enfin, en méditant avec attention sur les circonstances de l'expérience que je viens de décrire, il me parut qu'il y en avait deux principales, dont je devais tâcher, avant tout, de peser séparément l'influence. D'un côté, cette reine avait souffert une prison fort longue; d'un autre côté, sa fécondation avait été extrêmement retardée. On sait que les reines-abeilles reçoivent ordinairement les approches du mâle cinq ou six jours après leur naissance, et celle-ci ne s'était accouplée que le trente-sixième jour. Si je suppose ici que l'emprisonnement pouvait être la cause du fait ; ce n'est pas que je donne moi-même beaucoup de poids à cette supposition. Dans l'état naturel, les reines ne sortent de leur ruche que pour aller chercher les mâles peu de jours après leur naissance ; pendant tout le reste de leur vie, si on excepte le jour du départ de l'essaim qu'elles conduisent, elles y sont volontairement prisonnières : il était donc bien peu vraisemblable que la captivité eût produit l'effet que je travaillais à expliquer. Cependant, comme dans un sujet aussi neuf il ne faut rien négliger, je voulus m'assurer d'abord si c'était à la longueur de l'emprisonnement ou bien au retard de la fécondation qu'était due la singularité que j'avais observée dans la ponte de cette reine.

Mais ce travail n'était pas facile. Pour découvrir si c'était la captivité de la reine et non le retard de la fécondation qui avait vicié ses ovaires, il aurait fallu permettre à une femelle de recevoir les approches du mâle, et cependant la retenir prisonnière ; or cela ne se pou-

vait pas, attendu que les reines-abeilles ne
s'accouplent jamais dans l'intérieur des ruches.
Par la même raison, il était impossible de retarder l'accouplement d'une reine sans la rendre prisonnière. Cette difficulté m'embarrassa
longtemps; j'imaginai enfin un appareil qui
n'était pas rigoureusement exact, mais qui
remplissait à peu près mon but.

Je pris une reine au moment où elle venait
de subir sa dernière métamorphose; je la plaçai dans une ruche bien approvisionnée et
peuplée d'un nombre suffisant d'ouvrières et
de mâles.

Je rétrécis la porte de cette ruche au point
qu'elle devint trop étroite pour le passage de
la reine, en la laissant assez large pour que
les abeilles pussent aller et venir librement.
Je pratiquai en même temps une autre ouverture pour le passage de la reine, et j'y adap-
tai un canal vitré qui communiquait à une
grande boîte carrée de verre, de huit pieds
en tous sens. La reine pouvait venir à tout in-

stant dans cette boîte, y voler, s'y ébattre, et
cependant elle ne pouvait y être fécondée ; car,
quoique les mâles volassent aussi dans cette
même enceinte, l'espace en était trop borné
pour qu'il pût s'établir aucune jonction entre
eux et la femelle. On sait que l'accouplement
ne se fait que dans le haut des airs. Je trouvai
donc dans la disposition de cet appareil l'avantage de retarder la fécondation en même temps
que je laissai à la reine une liberté assez grande
pour que l'état dans lequel elle serait appelée
à vivre ne fût pas trop éloigné de l'état de
nature. Je suivis cette expérience pendant
quinze jours. La jeune femelle captive sortit
de la ruche tous les matins, lorsque le temps
était beau ; elle vint se promener dans sa prison de verre, elle y volait avec assez de facilité et se donnait beaucoup de mouvement ;
pendant cet intervalle, elle ne pondit point,
parce qu'elle n'eut de jonction avec aucun
mâle. Enfin, le seizième jour, je lui donnai
une entière liberté ; elle s'éloigna de la ruche,

s'éleva dans le haut des airs et revint avec tous les signes de fécondation. Deux jours après elle pondit; ses premiers œufs furent des œufs d'ouvrières, et, dans la suite, elle en pondit autant que les reines les plus fécondes.

Il suit de là : 1° que la captivité n'altère point les organes des reines-abeilles;

2° Que lorsque la fécondation a lieu dans les seize premiers jours qui suivent leur naissance, elles pondent des œufs des deux sortes.

Cette première expérience était fort importante; en indiquant clairement la marche que je devais suivre dans mon travail, elle le rendait beaucoup plus simple; elle excluait absolument la supposition que j'avais faite sur l'influence de la captivité, et ne me laissait à chercher que les effets d'un plus long retard dans la fécondation.

Dans ce but, je répétai l'expérience précédente de la même manière que la première fois; mais au lieu de rendre à la reine vierge

que je plaçai dans la ruche, sa liberté le seizième jour après sa naissance, je la retins captive jusqu'au vingt et unième jour ; elle sortit alors, s'éleva dans l'air, fut fécondée et revint dans son habitation. Quarante-six heures
après, elle commença à pondre, mais c'étaient
des œufs de mâles, et dans la suite, quoi-
qu'elle fût très-féconde, elle n'en pondit aucun d'une autre sorte. Je m'occupai encore,
pendant le reste de cette année 1787 et dans
les deux années suivantes, d'expériences sur
le retard de la fécondation, et j'eus constamment les mêmes résultats. Il est donc vrai
que lorsque l'accouplement des reines-abeilles
est retardé au delà du vingtième jour, il n'o-
père, si je puis parler ainsi, qu'une demi-
fécondité : au lieu de pondre également des
œufs d'ouvrières et des œufs de mâles, ces
reines pondront des œufs de mâles seulement.

Je reviens au récit de mes expériences.

En mai 1789, je saisis deux reines au moment où elles subissaient leur dernière méta-

morphose ; je plaçai l'une dans une ruche en
feuillets bien pourvue de miel et de cire et
suffisamment peuplée d'ouvrières et de mâles.
Je plaçai l'autre reine dans une ruche exactement semblable, mais dont j'avais enlevé
tous les faux-bourdons. J'arrangeai les portes
de ces ruches de manière que les abeilles ouvrières pussent jouir d'une entière liberté,
mais je les rendis trop étroites pour le passage
des femelles et des faux-bourdons. Je laissai
ces reines prisonnières pendant l'espace de
trente jours ; après ce terme, je leur donnai
la liberté ; elles sortirent avec empressement
et revinrent fècondées. Au commencement de
juillet je visitai les ruches et j'y trouvai beaucoup de couvain ; mais ce couvain était com-
posé en entier de vers et de nymphes de mâles ; il n'y avait pas une seule nymphe, un seul
ver d'ouvrières. Les deux reines pondirent
sans interruption jusqu'en automne, et toujours des œufs de faux-bourdons. Leur ponte
finit dans la première quinzaine de novembre,

comme celle de mes autres ruches. Je dési-
rais beaucoup savoir ce qu'elles deviendraient
au printemps suivant, si elles recommence-
raient leur ponte, si une nouvelle fécondation
leur serait nécessaire, et dans le cas où elles
pondraient, de quelle sorte seraient les œufs ;
mais comme leurs ruches étaient déjà fort af-
faiblies, je craignais qu'elles ne périssent
pendant l'hiver. Cependant, par bonheur,
nous parvînmes à les conserver, et dès le
mois d'avril 1790, nous vîmes ces reines re-
commencer leur ponte ; par les précautions
que nous avions prises, nous étions très-sûrs
qu'elles n'avaient pas reçu de nouveau les approches du mâle : ces derniers œufs étaient
encore des œufs de faux-bourdons. Enfin,
le 4 octobre 1789, il naquit une reine dans
une de mes ruches, nous la plaçâmes dans une
ruche en feuillets. Quoique la saison fût bien
avancée, il y avait encore un grand nombre
de mâles dans les ruches. Il était important
de savoir si, dans ce temps de l'année, ils

pourraient également opérer la fécondation,
et, dans le cas où elle réussirait, si la ponte
commencée au milieu de l'automne serait in-
terrompue ou continuée pendant l'hiver. Nous
laissâmes donc à cette reine la liberté de sortir de la ruche ; elle s'échappa effectivement,
mais elle fit vingt-quatre tentatives inutiles
avant de reparaître avec les signes de la fécondation ; enfin, le 31 octobre elle sortit et
revint fécondée : elle était alors âgée de vingt-
sept jours, et par conséquent sa fécondation
avait été fort retardée. Elle aurait dû pondre
quarante-six heures après, mais le temps fut
froid, elle ne pondit point ; ce qui prouve
bien, pour le dire en passant, que le refroi-
dissement de la température est la principale
cause qui suspend la ponte des reines en automne. J'étais fort impatient de savoir si, au
retour du printemps, elle serait féconde sans
avoir besoin d'un nouvel accouplement. Le
moyen de s'en assurer était simple ; il suffisait de rétrécir la porte de sa ruche, afin

qu'elle ne pût point s'échapper. Je la retins
donc prisonnière. Au milieu de mars, nous
visitâmes ses gâteaux, et nous y trouvâmes
beaucoup d'œufs ; mais comme ils étaient placés dans les alvéoles du plus petit diamètre,
il fallait attendre quelques jours de plus pour
en juger. Le 4 avril nous examinâmes encore
l'état de la ruche, et nous y trouvâmes une
quantité prodigieuse de vers et de nymphes ;
tous étaient de la sorte des faux-bourdons ; la
reine n'avait pas pondu un seul œuf d'ouvrières.

Dans cette expérience, comme dans les pré-
cédentes, le retard de la fécondation avait donc
rendu la reine incapable de pondre des œufs
d'ouvrières. Ce résultat est ici d'autant plus
remarquable, que la ponte de cette reine avait
commencé quatre mois et demi seulement
après sa fécondation. Le terme de quarante-
six heures qui s'écoule, à l'ordinaire, entre
l'accouplement de la femelle et sa ponte,
n'est donc pas un terme de rigueur ; l'inter-

valle peut être beaucoup plus long si la température devient froide. Enfin, il suit de cette expérience que, lors même que le froid retardera la ponte d'une reine qui a été fécondée en automne, elle commencera à pondre au printemps, sans qu'un nouvel accouplement lui devienne nécessaire.

F. III.

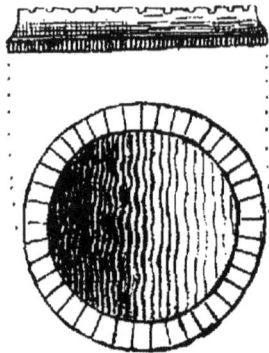

F. IV

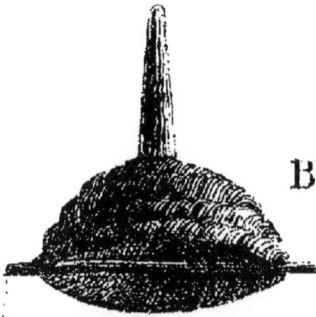

F.I.

B

D   D

A

F.II

A   A

A   A

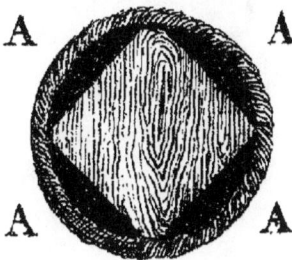

Sous presse,

OUVRAGES DU MÊME AUTEUR :

ZOOLOGIE DESCRIPTIVE,

OU

Histoire Naturelle des Animaux

APPLIQUÉE AUX ARTS ET A L'AGRICULTURE.

2 volumes in-12.

—

TRAITÉ

SUR LES VERS A SOIE.

1 volume in-12.